江西理工大学优秀博士论文文库

等离子体中静电漂移波湍流的杂质效应

邱鑫 肖庆生 著

U0315381

北 京
冶 金 工 业 出 版 社
2020

内 容 提 要

本书从理论方面阐述等离子体中杂质对漂移波湍流的影响。本书共分为 7 章，第 1~3 章主要阐述等离子体的基本概念及其描述方法、磁约束聚变基本原理、漂移波及其湍流基本理论；第 4 章阐述无碰撞等离子体中漂移波湍流的杂质效应；第 5 章阐述尘埃等离子体中漂移波湍流的杂质效应；第 6 章阐述碰撞等离子体中漂移波湍流的杂质效应；第 7 章为总结。

本书可供受控热核反应、等离子体物理、天体物理和空间研究等方面的教学、科研和工程技术人员阅读参考。

图书在版编目(CIP)数据

等离子体中静电漂移波湍流的杂质效应/邱鑫，肖庆生著. —北京：冶金工业出版社，2020.12
ISBN 978-7-5024-8712-6

Ⅰ.①等…　Ⅱ.①邱…　②肖…　Ⅲ.①等离子体物理学—研究　Ⅳ.①O53

中国版本图书馆 CIP 数据核字(2021)第 021893 号

出 版 人　苏长永
地　　址　北京市东城区嵩祝院北巷 39 号　邮编　100009　电话　(010)64027926
网　　址　www.cnmip.com.cn　电子信箱　yjcbs@cnmip.com.cn
责任编辑　杨盈园　王　双　美术编辑　彭子赫　版式设计　禹　蕊
责任校对　郑　娟　责任印制　禹　蕊
ISBN 978-7-5024-8712-6
冶金工业出版社出版发行；各地新华书店经销；三河市双峰印刷装订有限公司印刷
2020 年 12 月第 1 版，2020 年 12 月第 1 次印刷
169mm×239mm；7.5 印张；151 千字；112 页
66.00 元
冶金工业出版社　投稿电话　(010)64027932　投稿信箱　tougao@cnmip.com.cn
冶金工业出版社营销中心　电话　(010)64044283　传真　(010)64027893
冶金工业出版社天猫旗舰店　yjgycbs.tmall.com
(本书如有印装质量问题，本社营销中心负责退换)

前　言

核聚变能作为人类社会未来的理想能源，是解决能源问题的根本出路之一，近二十几年来国内外的实验和理论研究表明托卡马克（Tokamak）是最有希望实现热核聚变及稳态运行的一种装置。要实现Tokamak的稳态运行、点火放电，就必须要改善等离子体的约束，而等离子体湍流是实现这一目标的最大障碍之一。研究表明，等离子体横越磁场的输运（反常输运）主要由低频漂移波湍流所驱动，因此，为获得更好的约束以最终实现聚变，必须探索漂移波湍流的产生机制并寻求抑制漂移波湍流的办法。

本书基于平板位形研究了杂质对漂移波湍流的影响。首先介绍了描述等离子体的基本方程和研究方法，其次阐述了漂移波形成的物理机制及其湍流的描述模型，在此基础上，建立了含杂质离子与尘埃颗粒等离子体中的漂移波湍流模型，利用这些模型，研究了杂质对漂移波湍流的定标效应、局域线性色散关系及其级联特性。

本书主要讲述了作者在漂移波及其湍流领域所做的一些工作。首先是无碰撞等离子体系统中的漂移波及其湍流的杂质效应。结果表明，小振幅的两离子 Hasegawa-Mima（HM）方程可等效为一种单离子 HM方程，由此可以看出含杂质离子漂移波湍流时空特征长度发生显著变化。在湍动级联过程中，能流的方向取决于波数区间。通过研究湍动级联过程得到了湍流的级联谱，由此可以清楚地看到能流的方向。其次，分析了尘埃等离子体中低频漂移波的杂质效应，结果表明尘埃的加入会导致漂移波及其湍流的时空特征长度相对杂质离子变化更为显著，特征长度随尘埃密度和质量的增大而单调增大。在非磁化尘埃等离子体中，尘埃背景不均匀提供了另一种驱动力，而时空特征长度没有改变，增加的驱动动力会对漂移波湍流的级联产生影响。再次，分析了磁约束装置边缘等离子体中漂移波及其湍流的杂质效应，得到了两离子 Hasegawa-Wakatani（HW）方程，与单离子 HWE 相比，第二种离子的引入会导致绝热系数与黏滞系数的变化。结果表明，杂质离子的存在对漂移波具有致稳作用，而离子的密度不均匀性会导致漂移波的不稳定性。电子沿平行磁场方向的阻尼会引发漂移波的不稳定性，而离子的黏滞会对漂移波有阻尼耗散作用，特别是在大波数区间，黏滞引起的耗散会随波数的增大而急剧增大。最后还讨论了研究工作中一些尚未考虑或解决的问题以及下一步拟开展的工作。

本书围绕漂移波湍流这一制约 Tokamak 装置约束的问题展开，开展研究，寻找杂质对湍流的影响，因此具有理论及应用价值。本书揭示了杂质对漂移波湍流的作用机理，厘清了杂质对漂移波湍流及湍流输运的影响，为抑制输运改善等离子体的约束提供理论支持，特别是为漂移波湍流实验提供指导并为抑制湍流输运提供理论依据。

在本书创作过程中参考了国内外文献资料，这些文献资料为本书提供了有益的启发和参考，在此谨向以上文献资料的作者表示衷心的感谢！在本书付梓之际，感谢深圳技术大学郁明阳教授、南昌大学刘三秋教授的悉心指导与大力支持，本书的相关研究和出版工作得到了江西理工大学优秀博士论文文库、江西省教育厅科技项目（项目号：GJJ160634）、国家自然科学基金（项目号：61665003）、江西省自然科学基金面上项目（项目号：20192BAB207036）的资助。

由于水平有限，本书不足之处，欢迎各位专家、同行和读者批评指正！

作　者
2020 年 7 月

目　　录

1 绪 论

本书讨论对象为磁约束装置中的等离子体，因此，本章首先介绍等离子体的流体描述方法，接着介绍磁约束聚变相关基本理论，最后介绍磁约束等离子体中影响等离子体约束的主要障碍，即等离子体的输运。

1.1 背景

核聚变能作为人类社会未来的理想能源，是解决能源问题的根本出路之一。开发资源丰富、环境友好的核聚变能，对我国经济与社会的可持续发展具有重要战略意义。国内外的理论和实验研究均表明托卡马克（Tokamak）装置是最有希望实现热核聚变及稳态运行的一种装置。要实现托卡马克的稳态运行、点火放电，就必须改善等离子体的约束。因此等离子体输运一直是磁约束聚变的一个主要研究方向。通过聚变装置实验观察到等离子体输运水平远超过碰撞和环形效应，造成的新经典输运水平称为反常输运，这种输运会导致等离子体能量、粒子、动量的损失，破坏等离子体的约束。过去 20 多年对等离子体约束的研究表明等离子体横越磁场的输运主要是由低频（远低于离子回旋频率）漂移波湍流驱动的，称为湍流输运，其研究的对象主要是等离子体湍流。因此为获得更好的约束以最终实现聚变，必须深刻理解湍流输运的物理机制，探索抑制湍流及其产生输运的办法。

在聚变装置边界，不仅包含本底离子，也存在大量的杂质离子和带有大量电荷的尘埃颗粒，这些杂质的存在，会改变等离子体的集体行为，如出现新的模式和不稳定性，改变时空特征长度、影响涡旋结构等，也必将改变湍流特性，进而影响湍流输运。因此，探索含杂质等离子体中漂移波湍流的特性，对于抑制漂移波湍流，进而减小等离子体的输运具有重要意义。

本书研究方向为低频、长波长、平行强磁场方向相速度小的静电漂移波。位于低 β（热压磁压比）均匀磁场，该漂移波沿垂直密度梯度方向传播。低频率指的是漂移波频率远远小于离子的回旋频率，长波长表示漂移波波长在垂直于磁场方向的分量远大于离子的回旋半径，低相速度指的是其相速度远远小于电子的热速度，但远大于离子的热速度。漂移波是一种自激发波，等离子体中的电磁扰动会产生大量微观不稳定性，由于等离子体的空间非均匀性（如密度、温度、磁场及电流密度的不均匀），因此在其中储存着大量的自由能，漂移波源源不断吸收这些自由能不断增长，当扰动足够强时，各种扰动间的非线性相互作用越来越明显，系统会呈现湍流状态。1978 年 Hasegawa 和 Mima 等人采用双流体模型，导出了描述非线性静电漂移波的方程，即 Hasegawa-Mima（HM）方程。该方程忽略了粒子间的碰撞效应，成为电子-离子两成分等离子体中描述漂移波及其相互作用和漂移波湍流的经典范式。基于磁约束装置中存在着大量的杂质离子与带电尘埃颗粒，本书作者忽略粒子间的碰撞效应，分析含杂质离子与带电颗粒等离子体的漂移波及其湍流的特性。结果表明，杂质离子的引入会改变漂移波及其湍流的时空尺度。磁约束装置中心温度非常高，可达 10keV，因此可以忽略粒子间的碰撞效应。而在托卡马克等聚变装置边界，温度小 1～2 个数量级，因此必须考虑粒子间的碰撞。

20 世纪 80 年代 Hasegawa 和 Waktani 考虑电子阻尼和离子间的黏滞，给出了平板位形下描述漂移波湍流的演化方程，即 Hasegawa-Waktani（HW）方程。该方程适合描述托卡马克边界等离子体漂移波及其相互作用和漂移波湍流。同样，考虑到聚变装置中存在着大量的杂质，本书作者提出杂质离子以及其他大的带电颗粒的存在对碰撞等离子体中漂移波及其湍流的影响。厘清杂质离子及尘埃颗粒的存在对漂移波不稳定性及其湍流涨落的影响。2005 年 Diamond 提出了漂移波-带状流的猎人-猎物反馈环系统。即在一定条件下，带状流与湍流相互作用过程中湍流的能量和动量会非线性地转移给带状流，由于总能量守恒，带状流获得了能量必然会导致背景湍流涨落的降低，而带状流由于在极向与环向对称，本身不会产生横越磁场的输运，换句话说，带状流产生过程中抵制了背景湍流的涨落，因此减小了粒子与能量的输运。基于此，本书作者也可以推测如果杂质的引入会导致漂移波更不稳定，导致漂移波湍流更大的涨落，也就是湍流的动能、势能、涡度拟能更大，就会导致更大的湍流输运，从而破坏等离子体的约束。反之，则漂移波湍流得到抑制，湍流输运减弱，约束性能得到改善。

在现实等离子体中，如太阳日冕、托卡马克和箍缩装置中，特别是在托卡马克等离子体边缘，存在很多种杂质离子，如 C、He、Mo、W 等，以及微米到纳米大小的尘埃颗粒，如硼、碳以及一些金属（Fe，Ni，Cr，Mo）等，它们源自于装置的第一壁或是放电容器里与等离子体接触的其他结构，如各种探针，或外界以不同形式注入的中性束粒子。尤其是在改善的聚变装置 H 模条件下，杂质含量相较之前会增加，这些杂质所带的电荷量、质量和大小不均匀。杂质不仅在边缘等离子区影响显著，而且其产生和输运都与约束区等离子体参数有直接或间接的关系，由于杂质会辐射能量及稀释粒子密度，从而会产生一定的影响。另一方面，带电尘埃颗粒和杂质离子的存在，无论是考虑其动力学特性或只是作为背景尘埃修正平衡时的准中性条件，强烈影响等离子体的特性，如出现新的模式和不稳定性，对时空特征长度进行重新定标。这将改变湍流及其产生的输运特性，也会稀释燃料，增强等离子体辐射损失，严重威胁聚变装置的安全运行。尘埃颗粒有些质量较小，其动力学特性类似于质量较大的离子。若尘埃质量很大，则尘埃的回旋频率趋于0，可忽略尘埃的动力学特性，此时尘埃颗粒可看作是不可移动的，这种尘埃仅仅提供一种背景，显然这将影响背景电子和离子的分布，称这种尘埃为非磁化尘埃。

综上所述，基于前期聚变装置中心含杂质漂移波湍流的基础，拟建立含杂质碰撞等离子体漂移波湍流模型，并给出描述漂移波湍流时空演化的非线性方程（杂质修正的 HW 方程）。基于此，再讨论杂质修正的 HW 方程的色散关系，探索杂质含量及分布不均匀性对漂移波不稳定性的影响。更进一步，通过数值模拟，探索杂质含量及分布对漂移波湍流涨落的影响。作者希望能揭示杂质对漂移波湍流的作用机理，厘清杂质对湍流输运的影响，为抑制输运改善等离子体的约束提供理论支持。

1.2 等离子体概述

等离子体由大量带电粒子集合而成，由于频繁地相互碰撞，中性粒子会电离生成电子和正离子，与此同时，电子和正离子也会不断复合成中性粒子。这两个过程会达到动力学平衡状态，呈现出物质的第四态——等离子态，如地球大气电离层和太阳类恒星都是典型的等离子体系统。人类利用磁约束和惯性约束将等离子体聚合到一起实现高温受控核聚变，托卡马克（Tokamak）和仿星器（Stellarator）是最典型的磁约束聚变装置[1,2]。

1.2.1 什么是等离子体

等离子体是被加热到气态以外的物质。当原子核外电子加热到足够高的温度，将发生电离，逃离原子核的束缚，剩下的就是自由电子和带正电的离子，即称电子电离的过程。当温度较高时，等离子体只有 1%~10% 电离，剩下的气体是中性的原子或分子。随着温度越来越高，如达到核聚变的温度上千万度，则等离子体完全电离，也就是所有的粒子都将带电，而不是原子核已被剥夺了所有的电子。等离子的电离满足萨哈方程（Saha equation）：

$$\frac{n_i}{n_n} \approx 2.4 \times 10^{15} \frac{T^{3/2}}{n_i} e^{-U_i/(kT)} \tag{1.1}$$

式中 n_i，n_n——分别是已电离原子的密度和中性原子的密度，个$/m^3$；

$\quad\quad T$——气体的温度；

$\quad\quad k$——玻耳兹曼常数；

$\quad\quad U_i$——气体的电离能。

从式（1.1）可以看出，当 $U_i/(kT)$ 的值增大时，即随着气体温度的升高，越来越多的气体将被电离。

含大量带电粒子的气体中，异类带电粒子之间相互"自由"，等离子体的基本粒子元是正负荷电的粒子（电子、离子），而不是其结合体，即非束缚态。

在等离子体中正负离子数目基本相等 $n_e \approx n_i$，宏观（大尺度）呈现电中性，小尺度呈现电磁性质。与中性气体的根本区别（图 1.1）是等离子体作为物质第四态存在。区别一种物态应看作用于物态基本组元上的作用力，即控制物态特性变化的基本作用力，对于固体、液体、气体均有所不同（图 1.2）。对于中性气体，粒子间的直接碰撞发生作用；对于等离子体，通过电磁力发生作用。

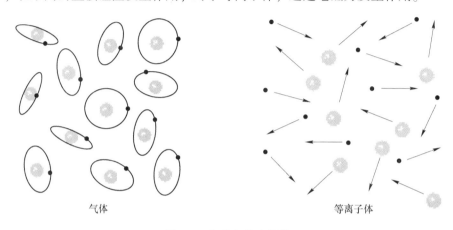

气体　　　　　　　　　　　　　　　　　等离子体

图 1.1　气体与等离子体

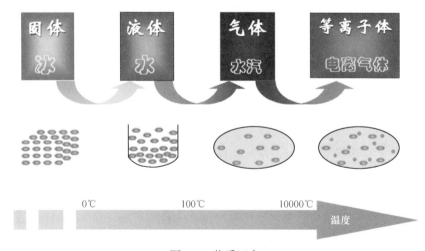

图 1.2　物质四态

对于等离子体，当体系内某处出现扰动时，理论上所有粒子行为都会受到影响，使整个等离子体对外加扰动作出响应，集体行为也会通过电磁场作为媒介来表现。等离子体中粒子的运动，与电磁场（外场及粒子产生的自洽场）的运动紧密耦合，不可分割。集体效应起主导作用，等离子体中相互作用的电磁力是长程的。

等离子分为热等离子体和冷等离子体，类似普通流体处于热平衡状态，这意味着原子或分子满足麦克斯韦（高斯）速度分布：

$$f(v) = Ae^{-\frac{1}{2}mv^2/(kT)} \tag{1.2}$$

式中 A——归一化因子；

      k——玻耳兹曼常数；

      T——温度，决定分布的宽度。

T_i、T_e 和 T_n 分别表示等离子体中离子、电子和中性粒子的温度。它们可能不会经常碰撞以使温度相等，因为密度通常比大气压下的气体要低得多，然而，每一种气体中粒子通常都会与自身发生碰撞，从而满足麦克斯韦分布。对于温度特别高的等离子体，不满足于麦克斯韦分布，需用到动力学理论。

"冷"等离子体的电子温度必须至少在 10000K 左右。然后分布在"尾部"中的快电子将具有足够的能量，足以电离它们经常碰撞的原子，从而克服离子和电子重新组合成中性态的问题。由于电子伏特的数目很大，用电子伏特来表示温度更为方便。当 T 等于电子通过 1V 的电势得到的能量时，温度就是 1V。注意，麦克斯韦分布的平均能量是（3/2）kT，度与 1eV 之间的换算系数为 1eV = 11600K。

荧光灯含有低温等离子体，除此之外在日常生活中并不经常遇到等离子体，因为等离子体状态与人类生活不相容。在地球之外的电离层或外层空间，几乎所有的东西都处于等离子体状态。在天空中看到的只是因为等离子体发出光，因此，等离子体科学最明显的应用是在空间科学和天体物理学中北极光、太阳风、地球和木星的磁层、日冕和太阳黑子、彗星尾部、气态星云、恒星内部和大气、银河臂、类星体、脉冲星、新星和黑洞。

等离子体科学始于 20 世纪 20 年代，欧文·兰缪尔等人进行的气体放电实验。在第二次世界大战期间，等离子体物理学家发明微波管来产生雷达。等离子体物理学在 20 世纪 50 年代控制核聚变的研究，任务是在地球上再现恒星用来产生能量的热核反应，这只能通过包含超过 104eV 的等离子体来实现，如果这项事业成功了，有人预言这是人类自发明火以来最大的成就，因为它将为我们的文明提供无限的能源，只使用在海洋中自然存在的就足够了。

1.2.2　德拜长度

德拜屏蔽效应是指等离子体有一种消除内部静电场的趋势，这种效应是带电粒子通过改变其空间位置的组合产生的，这种效应称为德拜屏蔽效应。将电荷置于等离子体中，会吸引异号电荷，若在等离子体内放入两个分别带有正负电荷的电极，它们将吸引异种电荷的粒子，排斥同种电荷的粒子，在它们的周围会形成一层空间电荷层，空间电荷层的电量正好与电极上的电荷量相等，因此，它们产生的电场完全相等而符号相反。由于被空间电荷的电场所屏蔽，因此在等离子体内没有电场。

德拜长度 λ_D 是静电作用屏蔽的半径，是维持电中性的最小空间尺度。等离子体中电子的德拜长度为：

$$\lambda_D = \left(\frac{\varepsilon_0 k T_e}{n_e e^2}\right)^{1/2} \tag{1.3}$$

式中　e，ε_0——真空中的介电常数，$e = 1.6 \times 10^{-19}$C，$\varepsilon_0 = 8.854 \times 10^{-12}$F/m；

　　　k——玻耳兹曼常数，$k = 1.38 \times 10^{-23}$J/K；

　　　T_e——电子温度；

　　　n_e——电子的浓度。

离子的德拜长度为：

$$\lambda_D = \left(\frac{\varepsilon_0 k T_i}{n_i e^2}\right)^{1/2} \tag{1.4}$$

式中　e——单位电荷量；

　　　T_i——电子温度；

　　　n_i——电子的浓度。

为了使等离子体表现为准中性，在每一个体积元内必须有大致相等的正负电荷，这样的体积元必须足够大，以包含足够多的粒子。但是相对于宏观参量（如温度、密度等）变化的特征尺度又必须足够小（微观无穷大，宏观无穷小）。在每个体积元中，单个电荷载流子的微观空间电场应相互抵消，以提供宏观电中性。为了让等离子体表现为电中性，考虑电荷量为 q 的电荷，其库仑势为：

$$\Phi(r) = \frac{q}{4\pi\varepsilon_0 r} \tag{1.5}$$

为了使它被等离子体中的其他电荷屏蔽掉，德拜势的形式可写为：

$$\Phi(r) = \frac{q}{4\pi\varepsilon_0 r} e^{-r/\lambda_D} \tag{1.6}$$

等离子体的存在要满足以下三个条件，又称为等离子体的判据：

（1）等离子体的德拜长度大于粒子间的平均距离，德拜屏蔽效应是大量粒子的统计效应，统计条件要求德拜球内有大量的粒子；

$$\lambda_D \gg n^{-1/3} \tag{1.7}$$

式中，λ_D 单位为 m；n 单位为 m^{-3}。

（2）德拜长度远小于等离子体特征长度，由于在德拜球内不能保证此电中性，所以不满足这个条件，就不可能把等离子体看作电中性的物质聚集态；

$$\lambda_D \ll L \tag{1.8}$$

（3）当 $\omega_p > \nu_c$ 时，电子来不及通过碰撞耗散振荡能量，则振荡得以维持，保证了等离子体维持电中性。

$$\omega_p > \nu_c \tag{1.9}$$

式中 ν_c——碰撞频率，热运动阻碍恢复电中性的因素。

德拜长度是等离子体系统的基本长度单位，可以近似认为等离子体由多个德拜球组成。在德拜球内，粒子之间清晰地感受到彼此的存在，存在着以库仑碰撞为特征的两体相互作用；在德拜长度外，由于其他粒子的干扰和屏蔽，直接的粒子两体之间的相互作用消失，随之而来的是由许多粒子共同参与的集体相互作用。在等离子体中，带电粒子之间的长程库仑相互作用可以分解成两个不同的部分，其一是德拜长度以内的以两体为主的相互作用，其二是德拜长度以外的集体相互作用，等离子体作为新的物态其最重要的原因来源于等离子体的集体相互作用性质。

1.2.3 等离子体的描述方法

等离子体中带电粒子间既有短程库仑作用引起的碰撞，又存在长程库仑作用引起的集体运动，其中有外加的强磁场，还有自身产生的电磁场，因此要精确描述等离子体的行为极其困难。目前，只能根据不同条件和研究的问题，采用不同的近似方法对等离子体进行描述。

1.2.3.1 单粒子轨道描述法

研究单个带电粒子在外加的电场或磁场作用下的运动，完全忽略等离子体中其他带电粒子对它的作用。单个粒子的运动采用经典和非相对论，粒子运动用牛顿力学方程和粒子的初始空间位置和初始速度就可以完全确定。单粒子轨道描述方法，是一种近似的方法，但方法简单、物理图像直观，能够给出带电粒子在一些复杂的电磁场作用下运动的轨迹，也能较好地解释等离子体的许多性质。

把等离子体看成由大量独立带电粒子组成的集体，只讨论单个带电粒子在外加电磁场中的运动，而忽略粒子间的相互作用。粒子轨道理论适用于稀薄等离子体，对于稠密等离子体也可提供某些描述，但由于没有考虑重要的集体效应，局限性很大。粒子轨道理论的基本方法是求解粒子的运动方程，在均匀恒定磁场条件下，带电粒子受洛伦兹力作用，沿着以磁力线为轴的螺旋线运动。

$$m\frac{d\boldsymbol{v}}{dt} = q(\boldsymbol{E} + \boldsymbol{v} \times \boldsymbol{B}) \tag{1.10}$$

式中　m，$\boldsymbol{v}$，q——分别为粒子的质量、速度、带电量；

　　　　$\boldsymbol{E}$，$\boldsymbol{B}$——分别为电场强度和磁场强度。

如果还存在静电力，或重力，或磁场非均匀分布，则带电粒子除了以磁力线为轴的螺旋线运动外，还有垂直于磁力线的运动——漂移。漂移是粒子轨道理论的重要内容，如由静电力引起的电漂移，由磁场梯度引起的梯度漂移，由磁场曲率引起曲率漂移等。粒子轨道理论的另一个重要内容是绝热不变量，当带电粒子在随空间或时间缓慢变化的磁场中运动时，在一级近似理论中，存在着可视为常量的浸渐不变量。比较重要的一个浸渐不变量是带电粒子回旋运动的磁矩，等离子体的磁约束以及地磁场约束带电粒子形成的地球辐射带，即范艾伦带等，都可以利用磁矩的浸渐不变性来解释。

1.2.3.2　磁流体动力学理论

磁流体动力学理论把等离子体看成导电流体，用经典流体力学和电动力学相结合的方法，研究导电流体和磁场的相互作用，关注等离子体的整体行为。导电流体的运动比普通流体要复杂得多，它既服从流体力学的规律，又服从电动力学的规律，用流体力学方程和电动力学方程描述，就形成了研究导电流体在电磁场中运动规律的科学，称为磁流体力学（MHD）。磁流体描述法主要用于描述等离子体的宏观运动，如等离子体的集体振荡、宏观平衡、宏观不稳定性以及各种波动现象。

把等离子体当作导电的流体来处理属于等离子体的宏观理论。导电流体除了具有一般流体的重力、压强、黏滞力外，还有电磁力。当导电流体在磁场中运动时，流体内部感生的电流会产生附加的磁场，同时电流在磁场中流动导致的机械力又会改变流体的运动。因此，导电流体的运动比通常的流体复杂得多，磁流体力学的方程组是流体力学方程（包括电磁作用项）和麦克斯韦方程的联立。完整的磁流体力学方程组包含流体力学方程和麦克斯韦方程。

麦克斯韦方程组：

$$\nabla \times \boldsymbol{E} = -\frac{\partial \boldsymbol{B}}{\partial t} \tag{1.11}$$

$$\nabla \times \boldsymbol{B} = \mu_0 \boldsymbol{J} \tag{1.12}$$

$$\nabla \cdot \boldsymbol{E} = \frac{\rho_q}{\varepsilon_0} \tag{1.13}$$

$$\nabla \cdot \boldsymbol{B} = 0 \tag{1.14}$$

欧姆定律：

$$\boldsymbol{J} = \sigma(\boldsymbol{E} + \boldsymbol{u} \times \boldsymbol{B}) \tag{1.15}$$

状态方程：

$$p = p(\rho, T) \tag{1.16}$$

连续性方程：

$$\frac{\partial \rho}{\partial t} + \nabla \cdot (\rho \boldsymbol{u}) = 0 \tag{1.17}$$

运动方程：

$$\rho\left(\frac{\mathrm{d}\boldsymbol{u}}{\mathrm{d}t}\right) = \nabla \cdot \boldsymbol{P} + \rho_q \boldsymbol{E} + \boldsymbol{J} \times \boldsymbol{B} \tag{1.18}$$

能量方程：

$$\rho \frac{\mathrm{d}}{\mathrm{d}t}\left(\varepsilon + \frac{u^2}{2}\right) = \nabla \cdot (\boldsymbol{P} \cdot \boldsymbol{u}) + \boldsymbol{E} \cdot \boldsymbol{J} - \nabla \cdot \boldsymbol{q} \tag{1.19}$$

其中：

$$\boldsymbol{P} = 2\eta \boldsymbol{S} - \left(p + \frac{2}{3}\eta \nabla \cdot \boldsymbol{u} - \eta' \nabla \cdot \boldsymbol{u}\right)\boldsymbol{I}, \quad S_{ij} = \frac{1}{2}\left(\frac{\partial u_i}{\partial x_j} + \frac{\partial u_j}{\partial x_i}\right), \quad \boldsymbol{q} = -\kappa \nabla \boldsymbol{T}$$

此方法过于复杂，无法求解，由于等离子体的特殊性，有必要对以上的方程组进行简化。

做如下近似：

（1）作用于等离子体场的波长远大于流体运动的特征长度：

$$\frac{c}{\omega} \gg L \quad 或 \quad \frac{L}{cT} \ll 1 \tag{1.20}$$

（2）电导率与场频率之间有如下关系：

$$\frac{\sigma}{\varepsilon_0 \omega} \gg 1 \quad 或 \quad \frac{\varepsilon_0}{\sigma T} \ll 1 \tag{1.21}$$

即场变化的特征时间大于粒子的碰撞时间。磁流体力学适宜于研究稠密等离子体的宏观性质（如平衡、宏观稳定性）以及冷等离子体中的波动问题（冷等离子体是指等离子体的温度较低，热压强可以忽略）。

1.2.3.3　等离子体动力学理论

单粒子轨道描述只考察单个粒子的运动，忽略粒子间的相互作用；磁流体描述法只考虑整体行为，忽略单个粒子的运动，两者都是近似的描述法。等离子体是由大量微观粒子组成的体系，用统计物理学的方法才可揭示其更深刻的运动规律。等离子体的统计描述法是最基本的描述法，统计力学最基本的描述是定义粒子的位置、速度、时间的分布函数，然后确定分布函数满足的方程，即动力学方程。

等离子体动力论是等离子体非平衡态的统计理论，即等离子体的微观理论，是严格的理论。与气体不同，由于等离子体包含大量带电粒子，其间的主要作用是长程的集体库仑作用，因此需要重新建立粒子分布函数随时间的演化方程，它是等离子体动力论的出发点。

玻耳兹曼方程：

$$\frac{\partial f}{\partial t} + v \cdot \nabla f + \frac{q}{m}(\boldsymbol{E} + \boldsymbol{v} \times \boldsymbol{B}) \cdot \frac{\partial f}{\partial \boldsymbol{v}} = \frac{f_n - f}{\tau} \qquad (1.22)$$

在不同条件下适用的等离子体动力论方程有弗拉索夫方程、福克尔-普朗克方程、朗道方程等。等离子体动力学理论适宜于研究等离子体中的弛豫过程和输运过程。等离子体弛豫过程是从非平衡的速度分布向热平衡的麦克斯韦分布过渡的过程，可用各种弛豫时间来描述。输运过程是稳定的非平衡态的物质、动量、能量流动的过程，包括电导、扩散、黏性、热导等，可用各种输运系数描述。

等离子体动力学理论还适宜于研究等离子体中种类繁多的波和微观不稳定性问题。只有动力学理论才能给出无碰撞情形由于粒子对波的共振吸收导致的朗道阻尼。起源于空间不均匀性或速度空间不均匀性等原因的微观不稳定性是宏观理论无法研究的，只能由动力学理论给出。动力学理论还可以讨论等离子体中的涨落效应。等离子体动力论是严格的理论，由动力论方程可以导出磁流体力学的连续方程、动量方程和能量方程，指明各种不同形式的磁流体力学方程的近似条件和适用范围[7]。

1.2.3.4　粒子模拟法

粒子模拟就是通过跟踪大量带电粒子在自洽场和外加电磁场作用下运动来了解等离子体的某些行为。核聚变装置中每立方米等离子体的总粒子数约为10^{19}个，如果对这些粒子运动轨道都考虑，当代计算机的容量远远不够。如果只限于研究某类等离子体的某些特殊行为，实际上只需要考察一个相对小的模拟体系，这样就可能用计算机模拟等离子体系的行为。

近几十年来，由于大型快速计算机的飞速发展，物理学家提出了针对不同等离子体对象的计算方法。比如低温等离子体模拟、高温等离子体和核聚变等离子体计算等。这些计算方法的出发点实际上是以一个粒子为考察对象，以统计平均的方法，考虑到这个粒子与外界环境的相互作用：外部物理条件如温度、压力、电磁场等条件；粒子之间的相互作用，即电荷粒子之间、电荷粒子与中性粒子之间。

由于计算机性能和计算速度的提高，这种方法能比较好地描述等离子体中各种行为：等离子体波、等离子体中粒子的非线性行为，以及可以很好地描述等离子体中众多的物理过程。

1.2.4 等离子体的研究历史

（1）1835 年，法拉第（Faraday）研究了气体放电基本现象（图 1.3），发现放电管中发光亮与暗的特征区域。

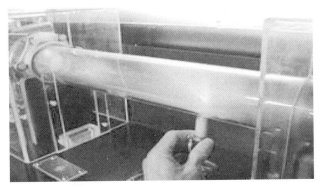

图 1.3 法拉第气体放电实验

（2）1879 年，克鲁克斯（Crookes）提出"物质第四态"来描述气体放电中产生的电离气体。

（3）1902 年，O. 亥维赛（Heaviside）和 A. E. 肯内利（Kenneally）为了解释无线电信号跨越大西洋传播这一实验事实，提出了高空存在能反射无线电波的"导电层"的假设，当时称为肯内利-亥维赛层。

（4）1925 年，E. V. 阿普顿（Upton）和 M. A. F. 巴尼特（Barnette）用地波和天波干涉法最先证明了电离层的存在，并划分电离层（图 1.4）。

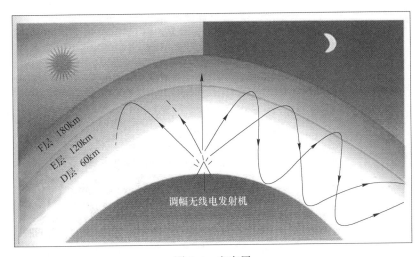

图 1.4 电离层

（5）1923 年，德拜（Debye）提出等离子体屏蔽概念。

（6）1928 年朗谬尔（Langmuir）第一次引入"等离子体"（plasma），表示物质第四态的物质状态。1929 年，朗谬尔提出等离子体集体振荡等重要概念朗谬尔波（Langmuir wave）（图 1.5）。

图 1.5   美国物理学家朗谬尔

（7）1937 年，阿尔芬（Alfven）指出等离子体与磁场的相互作用在空间和天文物理学中起重要作用，并提出磁流体力学、阿尔芬波。20 世纪 30 年代阿尔芬建立了等离子体的磁流体动力学。

（8）20 世纪 40~60 年代，原子弹和氢弹爆炸（图 1.6）。

图 1.6   氢弹爆炸

（9）1952 年，美国受控热核聚变 "Sherwood" 计划开始，英国、法国、苏联也开展了相应的计划。

（10）1958 年，人们发现等离子体物理是受控热核聚变研究的关键，开展了广泛的国际合作。

（11）1957 年 10 月 5 日苏联第一颗人造卫星上天，天体等离子体进一步获得发展，20 世纪 70 年代初低温等离子体获得发展。

1.3 等离子体的流体描述

把等离子体当作导电的流体来处理属于等离子体的宏观理论。导电流体除了具有一般流体的重力、压强、黏滞力外，还有电磁力。当导电流体在磁场中运动时，流体内部感生的电流要产生附加磁场，同时电流在磁场中流动导致的机械力又会改变流体的运动。因此，导电流体的运动比通常的流体复杂得多，磁流体力学的方程组是流体力学方程（包括电磁作用项）和麦克斯韦方程的联立。

研究等离子体宏观运动时，等离子体的密度较大，粒子间的碰撞频繁，可以将等离子体看成流体，因此可以使用流体力学变量（如速度、密度和温度等）来描述等离子体的动力学特征[1,3]。由于等离子体置身于磁场中，也需要用麦克斯韦方程描述其电磁行为。流体力学变量满足流体力学方程，但是在实际处理过程中，要取高阶截断近似值，一起构成封闭的磁流体力学方程组，因此是一种近似的描述方法，其求解方便、物理模型清晰，针对不同物理问题中流体的种类可采用单流体和多流体两种流体描述方式。

众所周知，自然界中等离子体系统是由大量带电粒子集合而成。空间等离子体中，典型的空间尺度内如地球半径度量的体积内可以有 10^{26} 个乃至更多的粒子，在实验室内，等离子体的密度大约在 $10^{10} \sim 10^{14}$ 个/cm³ 范围内，对于如此多的带电粒子系统，即使使用最先进的计算机来追踪其运动轨迹，也是做不到的。通常人们将其看作是连续的介质，即通常的等离子体的流体描述，或作为相空间连续 "流动" 介质，即通常的等离子体的动力学描述。本书主要采用流体的形式描述等离子体及漂移波湍流。

1.3.1 单流体力学方程

单流体力学方程把等离子体看成由大量独立带电粒子组成的集体，只讨论单个带电粒子在外加电磁场中的运动，而忽略粒子间的相互作用。粒子轨道理论适用于稀薄等离子体，对于稠密等离子体也可提供某些描述，但由于没有考虑重要的集体效应，局限性很大。粒子轨道理论的基本方法是为了求解粒子的运动方程。在均匀恒定磁场条件下，带电粒子受洛伦兹力作用，沿着以磁力线为轴的螺旋线运动（见带电粒子的回旋运动）。

由于 $m_e/m_i \to 0$，考虑到离子较低的响应频率，离子运动的时间尺度远远大于电子的时间尺度，在磁约束等离子体中，大于或等于 1846 倍，因此可以认为电子的响应是瞬时的，可以把电子-离子等离子体看作单流体，即主要考虑离子的运动。单流体力学方程可由连续性（密度）方程、运动（动量）方程和状态（压力）方程构成[1]。

连续性方程：

$$\frac{\partial n}{\partial t} + \nabla \cdot (n\boldsymbol{v}) = 0 \tag{1.23}$$

运动（动量）方程：

$$\frac{\mathrm{d}\boldsymbol{v}}{\mathrm{d}t} = en(\boldsymbol{E} + \boldsymbol{v} \times \boldsymbol{B}) - \nabla p - \nabla \cdot \boldsymbol{\Pi} + \boldsymbol{R} \tag{1.24}$$

状态方程：

$$\frac{\mathrm{d}}{\mathrm{d}t}(p/n^\gamma) = 0 \tag{1.25}$$

式中　　　n——粒子数密度；

　　　　　$\boldsymbol{v}$——离子流体的速度；

　　　　　∇p——流体压力；

$\nabla \cdot \boldsymbol{\Pi}, \boldsymbol{R}$——分别为黏滞力和碰撞引起的阻尼力；

　　　　　$\mathrm{d}t$——随流导数，$\mathrm{d}t = \partial t + \boldsymbol{v} \cdot \nabla$；

　　　　　γ——绝热指数，其大小取决于等离子体的热力学过程，等温过程 $\gamma = 1$，

　　　　　　　其他的 γ 值对应于各种"绝热"过程。

该方程组略去了源项，为了封闭单流体力学方程组，需加上广义欧姆定律：

$$\frac{m_e}{ne^2}\frac{\partial \boldsymbol{J}}{\partial t} = \boldsymbol{E} + \boldsymbol{v} \times \boldsymbol{B} + \frac{1}{en}\nabla p_e - \frac{1}{en}\boldsymbol{J} \times \boldsymbol{B} - \eta \boldsymbol{J} \tag{1.26}$$

式中　$\boldsymbol{J}$——电流密度；

　　　η——等离子体的电阻率；

　　　p_e——流体的热压力。

方程左边是电子的惯性项，右边前两项是电磁项，第三项表示抗磁效应，第四项表示霍尔（Hall）效应，最后一项表示电阻效应。

1.3.2　多流体力学方程

等离子体有多种带电粒子，可由多流体方程来描述，第 j 组分流体由连续性方程、运动方程和能量演化方程描述[3]。

连续性方程：

$$\frac{\partial n_j}{\partial t} + \nabla \cdot (n_j \boldsymbol{v}_j) = 0 \tag{1.27}$$

运动（动量）方程：

$$\frac{\mathrm{d}\boldsymbol{v}_j}{\mathrm{d}t} = e_j n_j (\boldsymbol{E} + \boldsymbol{v}_j \times \boldsymbol{B}) - \nabla p_j - \nabla \cdot \boldsymbol{\Pi}_j + \boldsymbol{R}_j \tag{1.28}$$

能量演化方程：

$$\frac{3}{2} n_j \frac{\mathrm{d}}{\mathrm{d}t} T_j = - p_j \nabla \cdot \boldsymbol{v}_j - \nabla \cdot \boldsymbol{q}_j - \boldsymbol{\Pi}_j : \nabla \boldsymbol{v}_j + Q_j \tag{1.29}$$

式中　$\mathrm{d}t$——随流导数，$\mathrm{d}t = \partial t + \boldsymbol{v}_j \cdot \nabla$；

　　　$\boldsymbol{\Pi}_j$——非对角压力张量；

　　　$\boldsymbol{R}_j$——摩擦矢量；

　　　$\boldsymbol{q}_j$——热流；

　　　Q_j——热损耗；

　　下标 j——j 组分的物理量。

1.3.3　麦克斯韦方程

等离子体中的电磁场由麦克斯韦方程确定：

$$\nabla \cdot \boldsymbol{E} = \sum_j e_j n_j / \varepsilon_0 \tag{1.30}$$

$$\nabla \times \boldsymbol{E} = - \frac{\partial \boldsymbol{B}}{\partial t} \tag{1.31}$$

$$\nabla \cdot \boldsymbol{B} = 0 \tag{1.32}$$

$$\nabla \cdot \boldsymbol{B} = \frac{1}{c^2} \frac{\partial \boldsymbol{E}}{\partial t} + \mu_0 \boldsymbol{J} \tag{1.33}$$

式中，ε_0、μ_0 和 c 分别是真空中的介电常数、磁导率和光速。

1.3.4　磁化等离子体中的漂移运动

带电粒子在非均匀背景下做漂移运动，主要的不均匀性有电势的不均匀、密度与温度的不均匀、磁场的分布不均匀[7]。

电势分布引起的电漂移：

$$\boldsymbol{v}_E = - \nabla \varphi \times \frac{\boldsymbol{B}}{B_0^2} \tag{1.34}$$

密度、温度分布引起的漂移：

$$\boldsymbol{v}_{\nabla p} = \frac{\boldsymbol{b} \times (nT)}{nm\omega_c} = \frac{\boldsymbol{b} \times (n v_{\mathrm{the}}^2)}{n\omega_c} \tag{1.35}$$

磁场不均匀分布引起的漂移：

$$\boldsymbol{v}_{\nabla B} = \frac{\boldsymbol{b} \times (\mu \nabla B + v_{\parallel}^2 \boldsymbol{\kappa})}{\omega_c}, \quad \boldsymbol{\kappa} = \boldsymbol{b} \cdot \nabla \boldsymbol{b} \tag{1.36}$$

本书主要研究密度分布不均匀引起的漂移：

$$\boldsymbol{v}_{Di} = \frac{v_i^2 \boldsymbol{b} \times \nabla \ln n_{i0}}{\omega_{ci}} \tag{1.37}$$

对于密度分布缓变的等离子体有：$| v_{Di}/v_i | = v_i | \nabla_\perp \ln n_{i0} | / \omega_{ci} \sim \rho_{ci}/L_{n\perp} \equiv \eta \ll 1$。本书研究低频静电漂移波，因此漂移波频率与漂移速度满足如下关系：

$$\omega \ll \omega_{ci} \tag{1.38}$$

$$v_{Di} \ll v_i \ll \omega/k_\parallel \ll v_e \tag{1.39}$$

由于电子在漂移波时间尺度内有足够的响应时间，故可看作是 Boltzmann 分布。

1.4　本书主要内容

综上所述，对低频漂移波湍流及其导致输运的研究是当前研究的一个热点，本书分别从线性和非线性角度研究了杂质离子和尘埃对漂移波湍流的影响。众所周知，等离子体中不可避免存在各种杂质，在 Tokamak 中心，特别是 Tokamak 边缘存在着大量的杂质，这些杂质对于漂移波湍流及其输运有重要的影响。

本书首先介绍了等离子体的基本概念及其描述方法；然后介绍了磁约束及其输运；接着总结了漂移波及其湍流基本概念及其物理图像、漂移波湍流的研究进展、两离子成分等离子体中漂移波湍流的描述模型；接着又介绍了两种抑制湍流的两种方法：一种是利用带状流及剪切流可以缓和抑制湍流，另一种是通过混沌钉扎可以将湍流状态调制到周期性结构。在此基础上，本书各章主要内容如下：

第 4 章给出了含杂质离子无碰撞等离子体中漂移波湍流的描述，即忽略等离子体间的碰撞，得到了两离子等离子体系统中 HM 方程，并研究了其局域线性关系和湍动级联特性，得到了杂质离子对漂移波湍流的影响。

第 5 章给出了含尘埃颗粒无碰撞等离子体中漂移波湍流的描述，尘埃颗粒分为两种：磁化尘埃与非磁化尘埃。即忽略等离子体间的碰撞，得到了两种尘埃修正的 HM 方程，并研究了尘埃对其的定标关系，得到了杂质尘埃对漂移波湍流时空特征长度的影响。

第 6 章给出了含杂质离子碰撞等离子体中漂移波湍流的描述，即考虑电子平行磁场方向的电阻以及离子间的黏滞，得到了两离子等离子体系统中 HW 方程，并研究了其局域线性关系，得到了杂质离子对漂移波湍流的影响。

第 7 章对本书进行总结以及以后将开展的工作。

2 磁约束聚变

2.1 聚变

2.1.1 聚变能

　　人类生活对能源的需求日益增大，自从人类学会如何使用能源使自己生活更加舒适和方便后，人们使用能源的能力和对能源的消耗就不断增加。工业文明发展之后，这种需求和增加就越来越快；为了保持舒适的生活，人类对能源的消耗也越来越大。

　　远古时代，人类多使用太阳能、风能、水能等自然能源，以及少量的树木等可再生能源；农业社会时，许多像树木一样的可燃烧物被使用，也有少量的煤、石油等化石燃料被使用；工业文明之后，大量的化石燃料被使用，而且随着人口的急剧增加和科学技术的发展，出现了严重能源危机和污染问题，人类生存发展面临能源的严峻挑战。

　　虽然目前石化燃料是人类主要能源，但这些能源是有限的，而且消耗速度还在加快，以目前的消耗速度，石油将在未来40年消耗完，天然气是60年，煤炭是220年（图2.1）。直接燃烧化石燃料，给环境造成严重威胁，排放大量有害

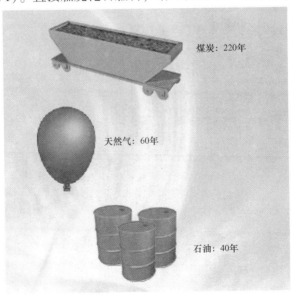

图 2.1　化石能源的使用年限

物质以及二氧化碳、一氧化碳、烟尘、二氧化硫、氮氧化物、三、四苯芘（强致癌）、放射性飘尘（辐射损伤）；化石能源的燃烧还会引发全球的温室效应，对人类的生存环境构成严重的威胁。

目前广泛使用的核裂变电站，虽然能够提供清洁的能源，但由于其安全性以及废料存在辐射等缺点很难成为主导能源[4]。而诸如太阳能和风能等可再生能源看起来取之不尽、用之不竭，在未来能源中可能扮演重要角色，但其供应的间歇性、季节性且受地理环境的限制，难以提供稳定安全的能源。因此，寻找安全可靠环境友好的丰富能源成为科学界研究的热点。

核能可以为人类生存发展提供长期稳定的能源，核能包括裂变能和聚变能，重原子核在中子打击下分裂放出的"裂变能"是原子能电站及原子弹能量的来源。两个轻原子核聚合反应放出的"核聚变能"就是宇宙间所有恒星（包括太阳）释放光和热及氢弹的能源。人类已经早在 20 世纪中叶就能控制和利用核裂变能，但由于很难将两个带正电核的轻原子核靠近从而产生聚变反应，控制和利用核聚变能还有待科学家和工程人员的突破性工作。

在所有的核聚变反应中，氢的同位素——氘和氚的核聚变反应（即氢弹中的聚变反应）是相对比较易于实现的。核聚变能作为未来的理想能源之一（图 2.2），具有两大特别优势：

其一，地球上蕴藏的核聚变能非常丰富，核聚变所需氘和氚大量存在于海水里。经测算，体积为 1L 的海水中包含有 0.03g 氘，因此仅海水中就蕴藏着 45 万亿吨氘（图 2.3）。1L 海水中所含氘聚变释放的能量与 300L 汽油燃烧释放出的能量相当。

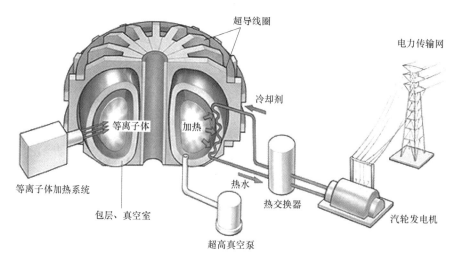

图 2.2　未来聚变能电站发电原理

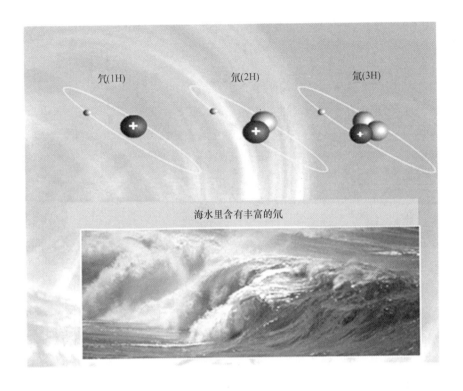

氕(1H)   氘(2H)   氚(3H)

海水里含有丰富的氘

图 2.3 海水里蕴藏丰富的氘

虽然自然界中不存在氚，但可通过聚变产生的中子与锂发生反应获得，锂也广泛存在于海水中，这就意味着，海水中所蕴含的氘产生的聚变能就能满足人类100 亿年的能源需求[1]。

其二，聚变能既干净又安全，它不会产生污染，也不含有任何放射性物质。同时受控核聚变反应可在稀薄的气体中持续稳定进行，是目前认识到的最有可能最终解决人类社会能源问题和环境问题、推动人类社会可持续发展的重要途径之一，是解决能源问题的根本出路之一[4]。图 2.4 表示未来之城，利用核聚变提供能源，没有污染，蓝天白云，绿水青山。

2.1.2 聚变反应

当两个轻原子核结合成一个较重的原子核时，会释放能量。我们称这种结合为聚变，放出的能量称为聚变能。在人工控制下的聚变称为受控聚变，释放受控聚变能量的装置，称为聚变反应堆或聚变堆。

聚变是由多个轻核聚集形成一个重核，同时释放出能量（图 2.5），典型的

图 2.4　未来之城

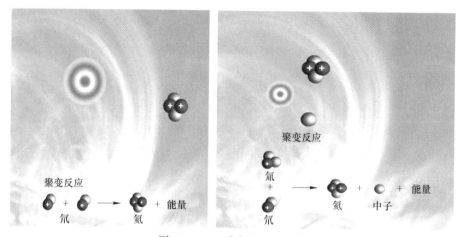

图 2.5　D-D 反应和 D-T 反应

核聚变反应方程如下[4]：

$$D^2 + T^3 \longrightarrow He^4(3.5MeV) + n^1(14.1MeV) \qquad (2.1)$$

$$D^3 + D^2 \longrightarrow He^2(0.82MeV) + n^1(2.45MeV) \qquad (2.2)$$

$$D^2 + D^2 \longrightarrow T^3(1.01MeV) + H^1(3.02MeV) \qquad (2.3)$$

$$D^2 + He^3 \longrightarrow He^4(3.6MeV) + H^1(14.7MeV) \qquad (2.4)$$

其中 D、T、He、H、n 分别表示氘、氚、氦、氢和中子，聚变时，质子与中子会携带大量的能量。聚变反应截面如图 2.6 所示。

图 2.6 所示为三种主要的聚变反应的实验截面对氘原子能量的函数曲线，由

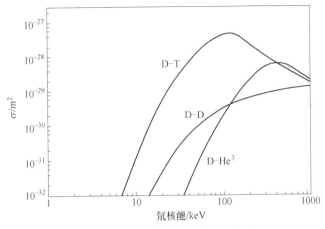

图 2.6　D-T, D-D 和 D-He^3 反应截面[5]

图可以看出，D-T 反应（如方程（2.1））无论在高温还是低温都具有更大的反应截面，更容易发生聚变反应，通过加热 D-T 反应至足够高的温度（10keV 或 100×10^6℃），原子核的热速度就足以克服库仑排斥力做功而实现聚变反应。因此，需要约束温度很高的离子和电子来维持足够的离子密度 n，以达到足够高的温度 T 与足够长的时间 τ_E，即要满足劳森判据[4]：

$$nT\tau_E > 5 \times 10^{21}\text{m}^{-3}\text{skeV} \tag{2.5}$$

式中　τ_E——能量约束时间，它是等离子体系统能量损失的量度。

能量约束时间定义为等离子体总的能量除以能量损失功率 P_{loss}：

$$\tau_E \equiv \frac{W}{P_{\text{loss}}} \tag{2.6}$$

为满足劳森判据，就必须要改善等离子体的约束以及探索较好的辅助加热手段。其中，磁流体力学（MHD）不稳定性和微观反常输运是影响等离子体约束的两大难题。

2.2　聚变的两种方式

2.2.1　磁约束聚变

通过受控热核反应实现核能利用，需满足高温，燃料（氘、氚）需 1 亿～10 亿℃（克服静电排斥）形成高温氘氚等离子体，足够密度与足够长时间。氘、氚（DT）反应要求相对低些，氘、氚（DD）反应要求高，条件十分苛刻，是对人类的重大挑战！因此聚变的发现，并不像 1939 年发现裂变那样震惊世界。只有实现原子弹爆炸后，聚变能才以氢弹爆炸形式得到释放。

氘和氚原子核能产生聚变反应并形成链式反应的气体温度必须达到1亿℃以上。在如此高的温度下，围绕原子核高速运动的电子将逃离原子核的束缚，成为自由电子各自独立运动，这种完全由自由的带电粒子构成的高温气体被称为"等离子体"。

要实现受控热核聚变，首要的问题就是如何加热气体，使得等离子体温度能上升到百万度、千万度、上亿度。但是，超过万摄氏度以上的气体无法用已有材料构成的容器约束，使之不飞散的，因此必须寻求某种途径，防止高温等离子体逃逸或飞散。具有闭合磁力线的磁场（因为带电粒子只能沿磁力线运动）是一种最可能的选择。因此设计磁场防止等离子体的逃逸，有效约束等离子体，成为实现受控热核聚变的第二个难点。如果要使高温等离子体中核聚变反应能持续进行，上亿度的高温必须能长时间维持（不论靠聚变反应产生的部分能量，或外加部分能量）。等离子体的能量损失率必须比较小。提高磁笼约束等离子体能量的能力，这是论证实现磁约束核聚变的科学可行性的第三个主要内容。

太阳利用其强大的吸引力将等离子体聚集在一起实现核聚变。而实验上最有可能实现受控核聚变的方式主要有惯性约束聚变和磁约束聚变。聚变过程如下：首先，必须将反应混合气体加热足够高，使电子能脱离原子核的束缚，原子核能自由移动，使混合物质呈现等离子体状态，这样原子核间才有可能相互充分碰撞，达到这个状态需要加热至大约10^5℃的温度。其次，要克服原子核间的库仑力，即带正电的原子核之间的排斥力，原子核需要获得足够大的动能，这种状态下等离子体需要继续加热至上亿摄氏度，使原子核的布朗运动达到一个疯狂的地步。氘和氚的原子核以极大的速度发生碰撞，产生新的氦核和中子，释放大量能量（图2.7）[1,5]。

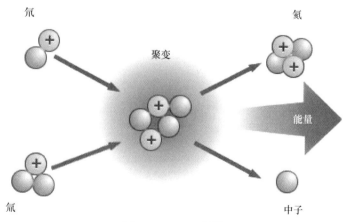

图 2.7　D-T 反应[5]

最后，经过一段时间，不需要外来能源的加热，核聚变的温度足够高，使得原子核可以继续发生连锁聚变反应。氦原子核以及中子作为废料被排除，将含氘和氚的混合气输入到反应装置中，核聚变不断持续下去，产生的大部分能量被输出，而小部分能量则留在反应装置内以维持链式反应[1,2]。

受控磁约束核聚变采用磁场将氘、氚和电子组成的高温等离子体约束在有限的空间内，氘、氚原子核相互碰撞发生聚变反应并释放大量能量。近几年国内外的实验和理论研究都表明托卡马克（toroidal kamera kotushka, Tokamak）是最有希望实现热核聚变稳态运行的一种装置（图 2.8），其形状类似于轮胎的真空室，角向线圈产生环向磁场，而真空室中的等离子体电流产生极向磁场，两种磁场相当于产生螺旋磁场，可以实现等离子体的螺旋箍缩，很好地约束等离子体，然后通过辅助加热等手段使等离子体达到很高的温度以致最终实现热核聚变。

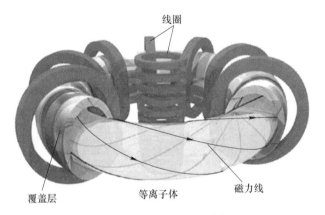

图 2.8　Tokamak 装置[5]

考虑到氘和氚原子核产生聚变反应的条件，若要求氘、氚混合气体中产生大量核聚变反应，则气体温度必须达到 $1 \times 10^8 \, ℃$ 以上。在这样高的温度下，气体原子中带负电的电子和带正电的原子核已完全脱开，各自独立运动。

2.2.2　惯性约束聚变

惯性约束聚变利用激光提供的能量使靶丸中的核聚变燃料（氘、氚）形成等离子体，这些等离子体粒子由于自身惯性作用还来不及向四周飞散，可这极短的时间内，通过将等离子体向心压缩到高温、高密度状态，使之发生核聚变反应。这种核聚变是依靠等离子体粒子自身的惯性约束作用实现的[1]。

20 世纪 50 年代初，从氢弹爆炸中受到启发，科学家想寻找一种通过惯性进行约束的方式产生核聚变。氢弹爆炸，是由原子弹爆炸加热重氢完成的。由于自身的惯性，在极短瞬间，等离子体来不及四外扩散，就被加热到极高温度而发生热核聚变。20世纪60年代，激光出现，为在惯性约束下可控加热提供了可能。1963年，苏联的巴索夫、中国王淦昌分别提出了激光核聚变方案，即利用强激光打在聚变燃料靶上，使靶材料形成等离子体，也利用自身惯性，在等离子体未来得及四散开来以前，就被加热到极高温度而发生聚变。

激光核聚变也称惯性约束聚变，其核心是内爆，通过内爆增压使氘氚燃料靶丸达到高温、高密状态，发生热核聚变反应，其过程分为4个阶段（图2.9）：用强激光束均匀辐照小氘氚靶丸（直径约1mm），使靶丸表面快速加热，形成一个等离子体烧蚀层；靶丸表面热物质向外喷发，反向压缩燃料，发生内爆压缩；通过向心聚爆过程，使氘氚燃料达到高温、高密状态，实现聚变点火；最后热核燃烧在被压缩的燃料内部蔓延，产生几倍能量增益，这就是聚变燃烧。这种惯性约束聚变也称向心聚爆。

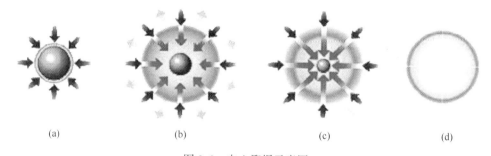

(a)　　　　　　　　(b)　　　　　　　　(c)　　　　　　　　(d)

图2.9　向心聚爆示意图

(a) 激光辐照；(b) 内爆压缩；(c) 聚变点火；(d) 聚变燃烧

惯性约束聚变的两种驱动方式是直接驱动和间接驱动。直接驱动方式是直接将驱动源（多束激光或离子束）均匀辐照氘氚靶丸，驱动内爆实现聚变燃烧；间接驱动方式是先把驱动源能量转化为软X射线能量，然后由软X射线再去驱动靶丸内爆，这种方式又称辐射驱动。间接驱动方式通常需要一个"黑腔靶"，它是由高原子序数的金属制成的空腔（形状多为圆柱形或球形），外壳上开有若干个注入和诊断的小孔，让驱动源束可以进入腔内，氘氚靶丸置于腔的中央（图2.10）。激光束从小孔进入腔内，辐照黑腔内壁，激光能量被吸收并大部分转化为X射线，然后驱动空腔中央靶丸内爆，产生聚变燃烧。

$$E \propto (4/3)\pi R^3 \rho \propto 1/\rho^2 \propto (n_0/n)^2$$

美国在20世纪70年代初就开始进行黑腔靶的研究，直到1980年黑腔靶概念才解密。我国著名理论物理学家于敏院士在20世纪70年代中期也提出了激光通过入射口打进重金属外壳包围的空腔，以X光辐射驱动方式实现激光核聚变的概念。惯性约束的原理虽然简单，但要实现受控热核聚变，还需要解决一系列难题，其中最重要的是要有超强激光器；其次靶丸的设计、生产也是一项极其复杂

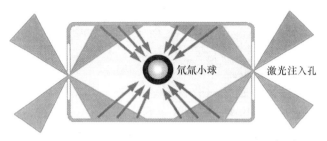

图 2.10 间接驱动图

而艰巨的任务；还有理论上要研究驱动束与靶物质的相互作用和靶丸聚爆物理学等。

激光核聚变劳森判据：在激光核聚变中将劳森判据的 $n\tau$ 值值 ρR 代替。激光核聚变劳森判据：

$$\rho R > 1 (g/cm) \tag{2.7}$$

式中　ρ——核燃料质量密度；

　　　R——靶丸的半径。

所需的激光能量为：

$$E \propto (4/3)\pi R^3 \rho \propto 1/\rho^2 \propto (n_0/n)^2$$

式中　n_0——靶丸原来数密度；

　　　n——压缩后靶丸等离子体密度。

如果靶丸密度 n_0 增大 1 千倍，所需的激光能量（10^9J）就可以降低 6 个量级。1972 年"向心聚爆方案"提出后，使激光核聚变成为可能。

惯性约束激光核聚变的研究进展：惯性约束激光核聚变的研究进展异常神速。惯性聚变研究还可用于军事目的，模拟真实热核爆炸，所有核大国都很重视。美国在间接驱动激光核聚变研究中处于领先地位，研究的中心在劳仑斯-利弗莫尔国家实验。该实验室在 1985 年已建成名为 NOVA 的钕玻璃激光器，可产生波长为 351nm 的三次谐波，输出能量为 40kJ，脉冲宽度 1ns，分 10 束输出，并开展了大量间接驱动靶物理研究。实验结果：靶丸密度压缩到 (3.3±0.5)g/cm^3，离子温度将达到 (2.2±0.8)keV，氘氚中子产生额为 (8.1±0.8)×10^9个。1994 年 NOVA 装置升级到 1~2MJ，1997 年进行点火的低增益演示。这项研究的重点课题是激光与等离子体相互作用物理问题、流体动力学的不稳定性、X 光驱动的不对称对靶丸聚爆的影响、建立和验证实验结果的数值模拟计算。1998 年，美国能源部开始在劳仑斯-利弗莫尔国家实验室启动国家点火装置工程 NIF：采用 192 束 351nm 波长的激光，总能量为 1.8MJ。原计划 2003 年建成，费用约 11 亿美元。实际进展已大大推迟，先建的 96 路激光束，实际费用 40 亿美元。法国激光核聚变研究以军事化为主要目标。为确保法国 TN-75 和 TN-81 核弹头能始终处于良好状态，早在 1996 年，法国原子能委员会就与美国合作实施一项庞大的模拟计划——"兆焦激光计划（LMJ）"，即高能激光计划，当时预计 2010 年前完成，经费预算达 17 亿美元。建造 60 组共 240 束（每组 4 束）、波长 351nm 的 3 倍频钕玻璃激光器，这些激光发生器可在 20ns 内产生 1.8MJ 能量，240 束激光集中射向一个含有少量氘、氚的直径为毫米的目标，从而实现激光核聚变。日本采用直接驱动法的激光聚变技术进展最大的国家。GEKKO-Ⅻ钕玻璃激光器，它的能量达到 20kJ，12 路，波长 526nm，它已将氘氚靶丸压缩到固体密度的 600 倍。后计划将激光器能量再提高 100 倍，用 24 路激光束射向靶丸，实现点火。欧盟计划耗资 5 亿英镑建造一座用于研究激光核聚变的设施。来自 7 个欧盟国家的科学家组成的委员会认为用"快点火"技术打造一个研究设施，对于核聚变研究以及其他物理研究领域中的辅助试验等具有十分重要的意义。

中国激光核聚变研究：1964 年王淦昌院士提出了激光核聚变的初步理论。1974 年，我国采用一路激光驱动聚氘乙烯靶发生核反应，并观察到氘-氘反应产生的中子。中国工程物理研究院的星光-Ⅱ激光装置、中国科学院上海光机所的神光-Ⅱ（图 2.11）激光装置和中国原子能科学研究院的天光 KrF 激光装置都在激光核聚变研究领域取得许多重要成果。2005～2010 年建成高功率激光器神光-Ⅲ，60 束、60kJ。2015～2020 年建成神光-Ⅳ，实现点火和低增益。

图 2.11　神光-Ⅱ激光装置

2.3　聚变能发展历史

2.3.1　国际热核聚变实验堆

国际热核聚变实验堆（International Thermonuclear Experimental Reactor，ITER）

计划就是要建立一个较大规模的可自持燃烧超导托卡马克聚变反应装置，俗称"人造太阳"。

1985 年，美国总统里根和苏联总统戈尔巴乔夫在一次首脑会议上倡议，开展一个核聚变研究的国际合作计划，"在核聚变能方面进行最广泛的、切实可行的国际合作"。戈尔巴乔夫、里根和法国总统密特朗后来又进行了几次高层会晤，支持在国际原子能机构主持下，进行国际热核实验反应堆，即 ITER 的概念设计和辅助研究开发方面的合作。1987 年春，国际原子能机构总干事邀请欧共体、日本、美国和加拿大、苏联的代表在维也纳开会，讨论加强核聚变研究的国际合作问题，并最后达成协议，四方合作设计建造国际热核实验堆，由此诞生了第一个国际热核实验堆的概念设计计划。原计划于 2010 年建成一个实验堆，预期产生热功率 1500MW、等离子体电流 2400 万安，燃烧时间可达 16min。

该计划已成为国际合作领域内规模最大、费时最长、有待解决的最为复杂的国际重大项目之一。基于能源长远的基本需求，中国于 2006 年 5 月与美国、欧盟、俄罗斯、日本、印度和韩国共同签订了 ITER 计划协定，计划在 2025 年安装调试完毕，可用来产生温度、密度和约束时间符合核聚变条件的高温等离子体（即电离了的"气体"）。2025~2037 年，ITER 将进入装置运行期，最后还有 5年的去活化期，使反应材料冷却到符合环境安全的程度。除了不用于发电，ITER将基本上验证或解决未来商用电站规模的受控核聚变发电所面临的物理、工程与科学方面的关键难题。国际热核聚变实验堆剖面图如图 2.12 所示。

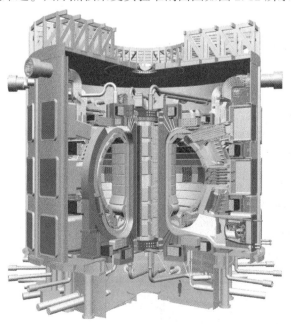

图 2.12　国际热核聚变实验堆剖面图

ITER 计划的实施结果将决定人类能否迅速地、大规模地使用聚变能，从而可能影响人类从根本上解决能源问题的进程。在全世界都对人类能源、环境、资源前景等问题予以高度关注的今天，各国坚持协商、合作的精神，搁置诸多的矛盾和利害冲突，最终达成了各方都能接受的协议，并开始合力建设世界上第一座聚变实验堆。我国是一个持续高速发展的发展中大国，能源问题日益突出，因而长期以来对有可能彻底解决能源问题的核聚变能研究作了力所能及的安排，对国际上有关 ITER 计划的讨论一直给予高度关注。2002 年底，国务院授权国家科学技术部代表我国政府参加 ITER 计划国际协商，并于当年决定在协商完成后的草签协议上签字。这显示了我国作为一个发展中大国对我国和对人类未来负责任的态度，以及对打开国门积极参加国际科技合作的决心。

国际聚变界普遍认为，今后实现聚变能的应用将历经三个战略阶段，即建设 ITER 装置并在其上开展科学与工程研究（有 50 万千瓦核聚变功率，但不能发电，也不在包层中生产氚）；在 ITER 计划的基础上设计、建造与运行聚变能示范电站（近百万千瓦核聚变功率用以发电，包层中产生的氚与输入的氘供核聚变反应持续进行）；最后在 21 纪中叶（如果不出现意外）建造商用聚变堆。

2.3.2　我国的聚变能发展

我国核聚变能研究始于 20 世纪 60 年代初，尽管经历了长时间非常困难的环境，但始终能坚持稳定、逐步发展，建成了两个在发展中国家最大的、理工结合的大型现代化专业研究所，即中国核工业集团公司所属的西南物理研究院（SWIP）及中国科学院所属的合肥等离子体物理研究所（ASIPP）。为了培养专业人才，还在中国科技大学、大连理工大学、华中理工大学、清华大学等高等院校中设立了核聚变及等离子体物理专业或研究室。

我国核聚变研究从一开始，即便规模很小时，就以在我国实现受控热核聚变能为主要目标。从 20 世纪 70 年代开始，集中选择了托克马克为主要研究途径，先后建成并运行了小型 CT-6（中科院物理所）、KT-5（中国科技大学）、HT-6B（ASIPP）、HL-1（SWIP）、HT-6M（ASIPP）及中型 HL-1M（SWIP）。SWIP 建成的 HL-2A 经过进一步升级，有可能成为当前国际上正在运行的少数几个中型托克马克之列（图 2.13）。在这些装置的成功研制过程中，组建并锻炼了一批聚变工程队伍。我国科学家在这些常规托克马克装置上开展了一系列十分有意义的研究工作。

自 1991 年，我国开展了超导托克马克发展计划（ASIPP），探索解决托克马克稳态运行问题。1994 年建成并运行了世界上同类装置中第二大的 HT-7 装置，2006 年初步建成了首个与 ITER 位形相似（规模小很多）的全超导托克马克 EAST。超导托克马克计划无疑为我国参加 ITER 计划在技术与人才方面做了进一步的准备。

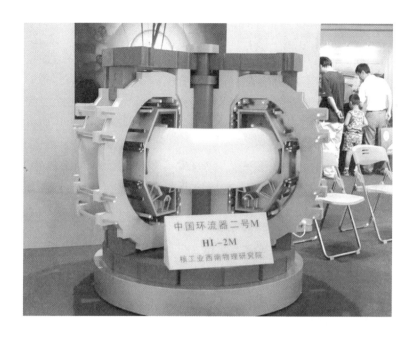

图 2.13　托卡马克模型（HL-2M）

　　"聚变-裂变混合堆项目"于 1987 年正式列入我国"863 计划"，目的是探索利用核聚变反应的另一类有效途径，其中主要是未来核聚变堆有关技术的研发。2000 年由于诸多原因，"聚变-裂变混合堆项目"被中止，但核聚变堆概念设计以及堆材料和某些特殊堆技术的研究仍在两个专业院所继续进行。

　　尽管就规模和水平来说，我国核聚变能的研究和美、欧、日等发达国家还有不小的差距，但是我们有自己的特点，也在技术和人才等方面为参加 ITER 计划做了相当的准备。这使得我们有能力完成约定的 ITER 部件制造任务，为 ITER 计划做出相应的贡献，并有可能在合作过程中全面掌握聚变实验堆的技术，达到我国参加 ITER 计划总的目的。

　　我国是一个能源大国，在 21 世纪内每年的能耗都将是数十亿吨标煤。由于条件限制，在长时间内我国能源生产都将以煤为主，所占比例高达 70%。考虑到我国社会经济的长期可持续发展，我们必须尽快用可靠的非化石能源（如核裂变或核聚变能、太阳能、水能等）来取代大部分煤或石油的消耗。因此，应该在能力许可范围内积极开展核聚变能的研究，尽可能地参加国际核聚变能的大型合作研发计划（如 ITER 计划）。我国参加 ITER 计划是基于长远的对能源基本需求。

　　核聚变能的研发对每个大国都是必要的，但又是一个长期、大规模、高投入而且高风险的过程。我国核聚变研究目前距离工业发达国家还有很大差距，还须经过若干年的努力才能接近"实验堆"建设和研究阶段。如果采取单独建造实验堆，则又须花费上百亿资金和十数年时间，我国和国际的差距会进一步扩大。因此，参加 ITER 计划，参加 ITER 的建设和实验，从而全面掌握 ITER 的知识和技术，培养一批聚变工程和科研人才。再配合国内安排必要的基础研究、聚变反应堆材料的研究、聚变堆某些必要技术的研究等，则有可能在较短时间、用较小投资使我国核聚变能研究在整体上进入世界前沿，为我国自主地开展核聚变示范电站的研发奠定基础。

还必须看到，ITER 本身就是当代各类高新技术的综合，中国科技人员长期、全面参加 ITER 的建设和研究工作，直接接触和了解各类技术，必将有利于我国高新技术及相应产业的发展。事实上，参加 ITER 计划已开始推动我国超导技术与相关产业的发展。

由于 ITER 计划本身的重要性，我国作为完全的伙伴全面参加 ITER 计划，是我国参加国际科技合作走上更高层次的一个明显的标志，也在国际上展示了我国在科技领域坚持"开放"的决心。

我国聚变研究的中心目标，是促使核聚变能尽早在中国实现。因此参加 ITER 计划应该也是我国整体聚变能研发计划中的一个重要组成部分。国家将在参加 ITER 计划的同时支持与之配套或与之互补的一系列重要研究工作，如托克马克等离子体物理的基础研究、聚变堆第一壁等关键部件所需材料的开发、示范聚变堆的设计及必要技术或关键部件的研制等。参加 ITER 计划将是我国聚变能研究的一个重大机遇。

2.4　粒子在磁场中的运动

磁约束聚变是利用磁场来约束等离子体中带电粒子的运动[3]，离子与电子在磁场中要做回旋和漂移运动（图 2.14），因此受到电场与磁场的作用。

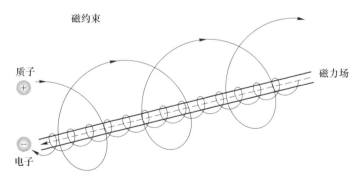

图 2.14　离子和电子在均匀磁场中的回旋运动[6]

等离子体的运动可由流体动量方程给出：

$$mn \frac{\mathrm{d} \boldsymbol{v}}{\mathrm{d} t} = qn(\boldsymbol{E} + \boldsymbol{v} \times \boldsymbol{B}) - \nabla p \tag{2.8}$$

式中 m，n，q——分别表示离子的质量、数密度、所带电荷量；

$\qquad\boldsymbol{E}$，$\boldsymbol{B}$——分别为电场和磁场；

$\qquad\nabla p$——所受热压力。

利用 $\boldsymbol{B}$×式（2.8），可得垂直磁场的漂移速度：

$$\boldsymbol{v}_\perp = \boldsymbol{E} \times \frac{\boldsymbol{B}}{B^2} - \frac{\nabla p \times \boldsymbol{B}}{qnB^2} \pm \frac{1}{\omega_c B} \frac{\mathrm{d} E}{\mathrm{d} t} \tag{2.9}$$

式中 ω_c——回旋频率，$\omega_c = qB/m$；

"+" 和 "−" 号对应正负带电荷。

方程（2.9）右边第一项称为 $\boldsymbol{E} \times \boldsymbol{B}$ 漂移，其速度$\boldsymbol{v}_E = \boldsymbol{E} \times z/B_0$，与粒子的带电量与质量无关，这意味着离子与电子的 $\boldsymbol{E} \times \boldsymbol{B}$ 漂移速度大小相等，方向也相同。因此 $\boldsymbol{E} \times \boldsymbol{B}$ 漂移不会导致等离子体中电荷分离。式（2.9）右边第二项称为抗磁漂移速度 $\boldsymbol{v}_d = -\nabla p \times \boldsymbol{B}/(qnB^2)$，它不是粒子导引中心的漂移速度，是流体的速度，该速度是由于压力梯度，通过某一参考面某一方向上的粒子数比相反方向要多产生的。式（2.9）右边第三项为极化漂移速度，$\boldsymbol{v}_p = -\frac{1}{\omega_{ci} B_0}\left(\partial t\, \nabla \varphi + \frac{z \times \nabla \phi}{B_0} \cdot \nabla \nabla \varphi\right)$，其物理过程可以理解如下：假设离子在磁场中处于静止状态，突然垂直于磁场方向施加一个电场，则离子受到电场力会沿电场加速运动，获得一个速度，则离子会受到洛伦兹力，因此，极化漂移可看作由于惯性引起的漂移[7]。注意，电子与离子的极化漂移速度方向相反，它们将分离，这将导致漂移波的不稳定。

当磁场非均匀时，仍有其他机制会导致漂移运动，如曲率漂移和∇B 漂移等。当粒子导引中心沿弯曲磁场线运动时，会受到向心力 $\boldsymbol{F}_c = mv_\parallel^2 \boldsymbol{r}_c/R$，其中 $\boldsymbol{r}_c$ 为单位矢量，沿着曲率半径向外。与前面推导 $\boldsymbol{E} \times \boldsymbol{B}$ 漂移类似，曲率漂移速度：

$$\boldsymbol{v} = \frac{1}{q} \frac{\boldsymbol{F} \times \boldsymbol{B}}{B^2} = \frac{mv_\parallel^2}{qB^2} \frac{\boldsymbol{r}_c \times \boldsymbol{B}}{R} \tag{2.10}$$

在具有横向梯度的磁场中，粒子的轨道在强磁场处具有更小的半径，而在更弱的磁场处具有更大的半径。∇B 将导致导引中心的漂移，漂移速度为：

$$\boldsymbol{v}_{\nabla B} = \pm \frac{1}{2} \boldsymbol{v}_\perp r_L \frac{\boldsymbol{B} \times \nabla B}{B^2} \tag{2.11}$$

更详细的漂移速度推导可参考文献 [8]。

2.5 输运

要利用核聚变能源，必须首先实现等离子体的高约束，要实现高约束必须首先对在输运过程有深刻理解，因此等离子体输运是磁约束聚变研究的一个主要方向，即能量、动量和粒子的向外输运是实现等离子体约束的主要障碍，特别是在 Tokamak 边缘，粒子密度和温度等参数不均匀分布使得等离子体的粒子和能量通过扩散和对流而损失，这种损失过程就叫等离子体输运[9]。

2.5.1　经典输运

早期的科学家借鉴中性气体中粒子扩散的随机行走模型（random walk）来建立磁约束聚变等离子体的经典模型。该模型认为粒子的扩散系数与特征长度与特征时间有关：

$$D = \frac{\lambda^2}{t}$$

式中　λ，t——分别表示特征长度与特征时间。

带电粒子之间的碰撞是引起等离子体横越磁力线扩散的主要原因。特征长度近似认为粒子的回旋半径；而特征时间认为是碰撞时间。基于碰撞的输运被称为经典输运（classical transport），可以通过随机行走模型来模拟经典输运[10,11]，扩散系数可表示为：

$$D = \frac{\delta^2}{\Delta t} = \nu \delta^2 \tag{2.12}$$

式中　δ——平均随机行走步长；

　　　Δt——连续两次行走平均时间；

　　　ν——平均行走频率，$\nu = 1/\Delta t$。

由具有常数扩散系数的扩散方程：

$$\frac{\partial \phi(r,\ t)}{\partial t} = D \nabla^2 \phi(r,\ t) \tag{2.13}$$

可估计能量约束时间为：

$$\tau_{\mathrm{E}} = \frac{L^2}{D} \tag{2.14}$$

式中　L——等离子体的压力梯度特征长度，与实验装置大小有关。

$\partial t : 1/\tau_{\mathrm{E}}$、$\nabla : 1/L^2$ 结合式（2.13）、式（2.14）可得到能量约束时间：

$$\tau_{\mathrm{E}} = \frac{L^2}{\delta^2}\Delta t = \frac{L^2}{\nu \delta^2} \tag{2.15}$$

由式（2.15）可知，增加装置的大小 L 和减小随机步长 δ 可取得更好的约束时间。在柱形等离子体中，粒子和能量的碰撞导致的输运可以用一个简单的随机行走模型来描述，Δt 用碰撞时间 τ_{c} 代替，随机步长 δ 用 Larmor 回旋半径来代替，可得到扩散系数为：

$$D = \frac{\rho_{\mathrm{L}}^2}{\tau_{\mathrm{c}}} \tag{2.16}$$

而对应的约束时间为：

$$\tau_E = \left(\frac{L}{\rho_L}\right)^2 \tau_c \qquad (2.17)$$

这种柱形等离子体中碰撞导致的扩散称为经典输运。

2.5.2 新经典输运

新经典输运是考虑环效应的经典输运。在环形磁场中，粒子因其运动轨道的不同而分为两类，即飞行粒子和捕获粒子。在低温、碰撞等离子体中，捕获粒子成分可忽略，这时主要是飞行粒子的输运。由于环效应产生的径向力驱动径向对流速度，它使得净输运系数大于圆柱的情况。在高温、低碰撞等离子体中，捕获粒子被局域磁镜捕获而形成香蕉轨道，其输运步长是由香蕉轨道宽度（即 Δb：$\varepsilon^{-0.5} q \rho$，$\varepsilon = r/R$）决定。粒子碰撞频率和随机行走的步长因轨道不同而不同。

经典输运在环位形中是不合适的，特别是在高温等离子体中，因为其碰撞频率小，其轨迹由环位形决定，这种环形等离子体中的碰撞输运称为新经典输运[10,11]。香蕉轨道如图 2.15 所示。

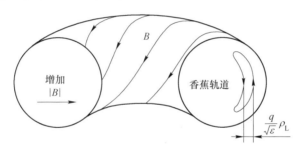

图 2.15 粒子的香蕉轨道[7]

因为碰撞会导致离子和电子散射出对应的香蕉轨道，可用香蕉轨道宽度 $q\rho_L/\varepsilon^{1/2}$ 代替随机步长，因此会产生更大的随机步长而导致更大的扩散输运。这里，q 为安全因子，其定义式为 $q = rB_\phi/RB_\theta$，其中 r、R 分别为装置的小半径、大半径，B_ϕ、B_θ 分别为环向和角向磁场，逆环径比 $\varepsilon = a/R$，考虑到部分粒子（约为 $\varepsilon^{1/2}$）被捕获，等效的扩散系数为：

$$D: \frac{q^2}{\varepsilon^{3/2}} \frac{\rho_L^2}{\tau_c} \qquad (2.18)$$

对应的能量约束时间为：

$$\tau_E: \frac{\varepsilon^{3/2}}{q^2}\left(\frac{L}{\rho_L}\right)^2 \tau_c \qquad (2.19)$$

新经典输运远大于经典输运。

在图 2.16 中，χ_e 和 χ_i 为放电过程中的热导系数；D_{He}、D_T 分别为氦和离子的扩散系数。从图 2.16 可看出实验测得的值远大于新经典值[42]，实验观察到的粒子和能量的输运大于新经典输运的理论计算值。图 2.16 清楚表明，所有的热导 (χ_e, χ_i) 和粒子扩散系数 (D_{He}, D_T) 远远大于新经典值，特别是电子的热导远大于新经典值近两个数量级。普遍认为这是湍流导致的。如果把来自于低频漂移波湍流的涨落[12,13] 导致的能量及粒子的输运称为反常输运或湍流输运，因此实现更好的约束以致最后点火放电，有必要理解湍流是如何产生的，湍流是如何导致输运，如何抑制湍流及其导致的输运。有关湍流输运的物理机制可参考综述文章 [14，15]。

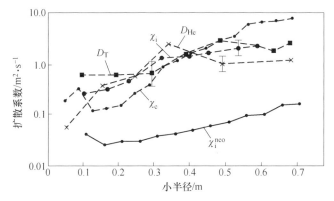

图 2.16　Tokamak 放电过程中热导和粒子扩散系数

3 漂移波湍流理论

　　湍流是具有高维时空尺度无序性的物理系统的一种状态，湍流过程由各种不稳定性驱动，具有复杂的非线性动力学特征，横跨多个数量级的时间与空间尺度。除了流体和气体，同样在等离子体中也观察到湍流的存在，湍流有时是可以预测的，但大多数是不可预知的。在磁约束等离子体领域，人们试图通过核聚变来获得能量，等离子体湍流是一个最为关键的障碍。等离子体的湍流会导致粒子、能量、动量的损失，破坏等离子体的约束，使约束时间大为减短。因此研究湍流的运行机制及抑制湍流方法成为实现磁约束聚变的关键问题。引发等离子湍流的一个重要方面是漂移波引发的湍流，也称为漂移波湍流。漂移波由扰动产生，由于等离子体存在各种不均匀性，漂移波不断从这些不均匀等离子体中获取自由能，且沿垂直于磁场方向传播。因此，控制漂移波及其湍流具有重要的意义。本章简要介绍漂移波湍流的研究进展、漂移波湍流的物理机制及漂移波湍流的不稳定性、漂移波湍流的两种描述模型、漂移波湍流抑制方法，最后给出主要框架。

3.1 漂移波湍流研究进展

　　20 世纪 70 年代，人们对于低 β（热压磁压比）非均匀磁化等离子体中的各种低频模（$\omega \ll \omega_{ci}$）的线性理论作了广泛的研究[16]。结果表明，这些接近垂直于外磁场传播的低频模是线性不稳定的。实验结果也发现，这些模在等离子体中激发后，最终会导致等离子体趋于湍流态[17]。在实验观察中，发现了用以前的理论没有预料到的密度起伏谱[16]。这些谱的主要特征是在 k 空间中频谱较宽，不会像弱湍流理论预言的那样有一个明显的峰。此外，对于某一固定频率的模，k 谱对方向的依赖关系不敏感，这些现象都难以用通常的弱湍流理论来解释。基于以上实验启发，Hasegawa 和 Mima 提出在这种等离子体中应该存在大幅度的大波长扰动。基于磁化等离子体中的洛伦兹力和旋转流体中的科里奥利力的相似性，磁化等离子体中也应该存在类似于旋转流体中非线性 Rossby 波的非线性结构，并可用类似的非线性波场来解释这种实验现象[17]。1978 年，Hasegawa 和 Mima 等人采用双流体模型，导出了描述非线性静电漂移波的方程，即 HM 方程，并给出了能谱分布，很好地解释了实验上观察到的现象[17-20]。1981 年，Horton 等人求出了 HM 方程的解析解[20]。1983 年，Hasegawa 和 Waktani 推导出了描述

Tokamak 边缘等离子体中准二维低频电阻漂移波湍流的简单模型，即 Hasegawa-Waktani 方程（HW 方程）。该方程包含了电子的阻尼、电子与离子的碰撞和离子的黏滞效应的非线性漂移波的演化方程，基于 HW 方程，首次预测了带状流的存在[17]。1994 年，Horton 和 Hasegawa 推导了 Charney and Hasegawa-Mima equation（CHM 方程），利用 CHM 方程研究了等离子体中漂移波湍流及其动力学特性[18]。吴德金等人利用 HM 方程研究了磁化等离子体中非线性漂移波的二维局域结构，并求出了二维局域漂移波的涡旋解[16]。1997 年，陈银华等人利用 HM 方程对非线性漂移波进行了解析和数值研究，表明等离子体中静电波的初始扰动由于非线性模耦合而发生演化，形成链状局域结构，并通过相互吞并，最后演化为稳定的涡旋[21]。近年来，对 HM 方程的拓展与演化成为一个热点，Gallagher 等利用扩展的 HM 方程来研究四波调制不稳定性，证明了在两个分隔的动力学区间，振动能量能在带状流、驱动波和饱和带状流间转移[22]；Chandre 等运用 Dirac 理论得到了具有 Hamiltonian 结构的 HM 方程[23]；Kim 研究了噪音幂指数驱动的 HM 方程，并给出了两种幂指数定标[24]。

反常输运由高度非线性的湍流过程支配，湍流被认为是微观不稳定性发展形成的饱和状态。等离子体中的不均匀性，如密度、温度、压力和电阻的不均匀，捕获粒子，以及坏曲率环效应均可能造成等离子体的不稳定，相应产生大量的不稳定理论模式[25,26]。基于湍流输运将导致粒子、能量、动量的快速损失，因此寻求抑制湍流输运的方法成为研究的热点。1987 年，Hasegawa 和 Waktani 通过数值模拟揭示了带状流可以抑制电子沿径向的反常输运[27]。此后，B. A. Carrersa、R. E. Waltz 和肖湧等人分别在电阻压力梯度驱动的湍流[28]、离子温度梯度驱动的湍流[29] 和无碰撞捕获电子模湍流[30] 的数值模拟中，均发现带状流能够抑制电子的热输运。2010 年，Futatani 等人研究了漂移波湍流引起的杂质输运，结果表明杂质的浓度改变湍流的特性及其引起的湍流输运，通过改变杂质的密度梯度长度，杂质输运的方向出现反转，向外输运[31,32]。2011 年，Kendl 等人研究了背景尘埃等离子体中尘埃梯度对漂移波湍流的影响，研究表明尘埃梯度可以控制湍流结构的形成及其产生的反常输运[32]。2014 年，王新刚等人提出了一种新的机制，即利用混沌反馈来控制漂移波湍流及其产生的输运[33,34]。

3.2　漂移波湍流

3.2.1　漂移波湍流及其不稳定性

湍流在各学科如航空、天体物理、水力学、气象学、海洋学和等离子体物理中都有广泛研究，大量的自然现象和物理现象均展示了湍流的动力学特性，虽然其研究历史已长达一个世纪，但是还没有完全研究清楚，对其理论、模拟和实验的研究仍是当前主要的研究手段。湍流是在流体、气体和等离子体中观察到的一种现象，其动力学特性复杂且不可预期，各系统湍流的时空尺度完全不同，简言之，湍流就是一批具有大范围时空长度旋转的涡旋，在湍流系统中，这些涡旋的时间空间尺度跨度很大。如图 3.1 所示，几个湍流系统中，其时空长度完全不同，图 3.1（a）所示为最大的持续时间最长的涡旋结构；图 3.1（b）所示为木星周围的气流结构；图 3.1（c）所示为聚变装置中的等离子体湍流，其会导致湍流的输运，导致粒子、动量和能量损失，破坏等离子体的约束，特别是 Tokamak 装置边缘刮削层的输运，是实现良好约束的主要阻碍，抑制、缓解和控制等离子体湍流及其产生的输运是实现聚变反映的关键所在。漂移波是等离子体边缘存在的最主要的不稳定性因素，被认为是导致反常输运的主要原因[39]。

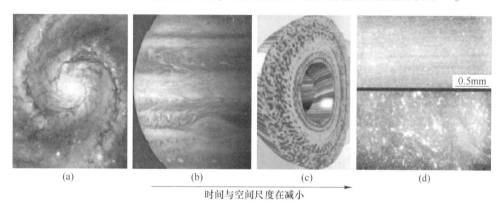

(a)　　　(b)　　　(c)　　　(d)

时间与空间尺度在减小

图 3.1　湍流系统的时空特征长度[15-38]

（a）由 Hubble 太空望远镜观测到的星际湍流；（b）木星表面大气涡旋湍流；
（c）模拟 Tokamak 装置中的离子温度梯度湍流；（d）微观尺度湍流

　　磁约束等离子体是具有大量速度空间和磁流体力学自由度的系统，其中的任何小的扰动都有可能发展成为等离子体内带电粒子的集体运动、等离子体内部感应电磁场随时间增长、快速的等离子体运动及电磁波辐射等剧烈运动，从而引起远远大于经典输运的粒子和能量损失[7,18]。这种能量转换过程就是等离子体的不稳定性，并以集体运动方式向热力学平衡过渡，最终达到热力学平衡。它的一个重要特点就是，对于任何偏离力学平衡的小扰动，都可能导致系统进一步的偏离。若令 x 为起始偏离，则 x 随时间的变化率 dx/dt 正比于 x，可表示为 $dx/dt = \gamma x$，由此得到，起始扰动随时间指数增长，γ 是漂移波不稳定增长率[40]。

　　等离子体按其发展区域的尺度和其热力学平衡方式可分为两类：一类是由等离子体宏观参量如温度、密度、压强的空间不均匀性引发的不稳定性，在远大于微观尺度上发展，被称为宏观不稳定性；另一类是由等离子体速度分布偏离麦克斯韦分布引起的在微观尺度上发展的不稳定性，被称为微观不稳定性[46]。

　　一般来说，不稳定性在其演化过程中都会依次经历线性、非线性和饱和三个阶段[41]。在线性阶段中，由于扰动的幅度小，不同种类的扰动间不存在相互作用，所以此时的扰动对其所处的背景平衡态无显著影响，其幅度随时间指数增长[7]。非线性阶段，扰动幅度比较大，会对平衡量作一定的调整，并会与其他扰动模式发生相互作用，进而彼此交换能量的程度，从而使增长率不断下降。该阶段的扰动幅度随时间的不同幂次增长[41]，当时间幂次减小到零时，扰动振幅不再随时间增长，而持续保持极大值，即进入扰动的饱和状态。而不稳定性在进入非线性增长阶段后，各个模式之间相互作用并交换能量，系统演化进入湍流阶段[7]。

　　下面概述磁约束装置中的漂移波不稳定性，相关内容可参考文献 [42, 43]。由于离子和电子压力梯度的出现，磁化离子会演变出对应的抗磁电流，等离子体会达到平衡。如果离子或电子压力梯度中有一个小的扰动（如一种波），则对应的抗磁电流会发展成为一种扰动响应，这种扰动电流垂直于磁场，并且离子的导引中心将以离子极化漂移速度运动。本书关注满足于准中性条件的时空尺度，电荷密度扰动小，整个扰动电流的散度为零，则使得对应扰动平行电流增长，由于惯性小，平行于磁场的电子运动产生电流，结果是扰动传播主要在离子和电子的抗磁漂移方向，由于与抗磁粒子漂移有关，因此称为漂移波[7]。

　　如果平行于磁场方向的电子运动无阻尼（通常表示为漂移波的绝热极限），故漂移波密度涨落与漂移波电势涨落同相位，即电子分布遵守 Boltzmann 分布 $n_1/n = e\phi/(kT_e)$，e 为单位电荷的带电量。如果电子沿磁场方向运动时有动量转移给背景等离子体，则阻尼使得在等离子体密度扰动和漂移波电势扰动间产生相位差，$n_1/n = e\varphi/kT_e(1 - i\delta)$，其中相位差 $\delta \neq 0$[44,45]。平行方向电子运动的阻尼来自于以下几种过程：电子-离子库伦碰撞、波-粒间相互作用或通行电子与捕获电子的碰撞，主导的机制取决于实验的条件。

　　图 3.2（a）所示为平行方向没有电子阻尼的所谓绝热极限的动力学特性，在这种情况下，密度扰动导致电势扰动，且与密度扰动同步，因为漂移具有低频率特性，扰动电场会导致电子与离子的 $E \times B$ 漂移，漂移波的色散关系满足 $\mathrm{Re}(\omega(k)) = 0$，$\mathrm{Im}(\omega(k)) = \gamma_k = 0$，结果粒子运动不会导致输运。当平行磁场方向电子存在耗散时，相对于密度涨落，电势扰动会存在一个相位差，$n_1/n = e\varphi/kT_e(1 + i\delta)$，其中 $\delta \neq 0$，如图 3.2（b）所示，在这种情况下，对于有限波数，扰动是线性不稳定的，导致振幅的增长，$\mathrm{Im}(\omega(k)) = \gamma_k > 0$，结果涨落会导致等离子体梯度方向的输运，漂移波振幅会增长。图 3.2（b）表示湍流粒子通量在等温等离子体中的发展。一个相似的过程也可以出现在具有温度梯度的等离子体中，会导致热量沿梯度方向输运。

　　在垂直磁场方向，漂移波湍流可由空间尺度 $\rho_s = c_s/\Omega_{ci}$ 表征，其中 c_s 表示离

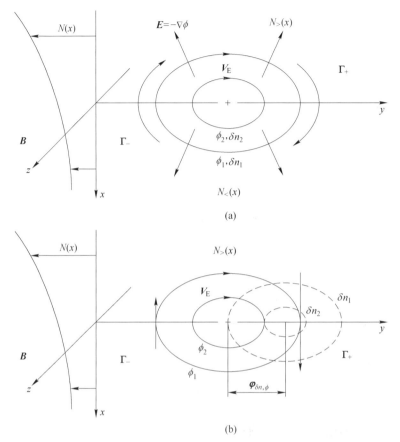

图 3.2 （a）无平行电子耗散时的漂移波的密度与电势涨落；（b）有平行电子耗散时漂移波密度与电势涨落，电势与密度有相对的相位漂移，伴随着密度梯度将导致纯粒子向密度梯度方向输运[42]

子声速，Ω_{ci} 为离子的回旋频率，漂移波平行方向的波数满足 $k_\parallel \ll k_\perp$，其中，$k_\parallel$ 和 $k_\perp$ 分别表示平行和垂直磁场方向的波数，取决于线性自由能和耗散机制以及非线性能量的转移。在等离子体流体模型中，压力梯度驱动的模式沿电子的抗磁漂移方向传播，对漂移波湍流涨落进行测量，根据测量结果探究自由能和阻尼的产生机制。随着数值模拟湍流的出现，为更加深入地探究湍流的产生、饱和机制及相关的输运，科学家开始直接用湍流的特征值比较实验测得的值，这些比较包括多场效应、湍流-带状流相互作用以及验证模式的线性稳定性。

碰撞等离子体通常出现在电子温度较低实验装置中，电子压力梯度驱动电阻漂移波湍流，其中电子-离子碰撞提供耗散。在几种情况下，由于普通漂移不稳定性，平行电子的运动受漂移波反向 Landau 阻尼的抑制，在较小 Tokamak 实验装置中，欧姆加热主导电子的加热，湍流归功于这种普通的不稳定性，或耗散的捕获电子模，后者由密度梯度提供自由能驱动，平行电子耗散是由捕获电子和通行电子间的库仑碰撞产生的。这些在磁约束实验装置中存在的漂移不稳定性，Wootton 等人[46]对比进行了总结。

3.2.2　漂移波湍流的物理图像

　　带状流又称为角向对称带状剪切流，是自然界和实验室中普遍存在的现象。木星带、地球大气急流的例子，通常为大家所熟悉，尤其是那些忍受着长时间颠簸的飞机乘客。在实验室中，剪切 $E \times B$ 流演变成低模约束，低约束模到高约束模的过渡，内输运势垒（ITBs）普遍存在，并为大家所熟悉。虽然许多机制可以触发和刺激剪切电场的增长（即剖面演化和输运分叉、新经典效应、外部动量注入等等），当然，一种可能性是通过湍流应力（即动量的湍流输运）自生成和放大 $E \times B$ 流。这与带状流的产生是一样的机制。应该强调的是，现在人们普遍认识并接受，在几乎所有情况下，带状流都是漂移波湍流的重要组成部分，事实上，这一经典问题现在常常被称为"漂移波-带状流湍流"[10]。

　　漂移波湍流的经典物理图像如图 3.3 所示。

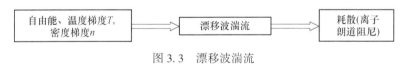

图 3.3　漂移波湍流

漂移波-带状流湍流的物理图像如图 3.4 所示。

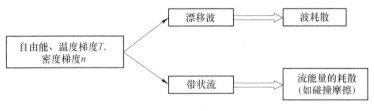

图 3.4　漂移波-带状流湍流

　　这种范式的转变是因为人们认识到，在描述聚变等离子体中心或边缘的各种模型（即 ITG、TEM、ETG、电阻气球模和交换模等）中带状流无处不在。且带状流是漂移波输运和湍流自我调节的关键因素[18]。在这个转变过程中，理论研究和数值模拟都证明了这一范式的转变。事实上，对于低碰撞等离子体，可用自由能的很大一部分最终沉积在带状流中，图 3.3 所示的能量流图说明了漂移波湍流的经典范式和漂移波湍流的新范式——带状流湍流。带状流的研究对聚变研究产生了深远的影响，比如，对带状流物理机制研究解决了一些有关等离子体燃烧前景的疑惑，正如 Rosenbluth 和国际热核实验反应堆（ITER）的设计者们讨论的那样，同时湍流-带状流系统的认识也促进了人类对自然界自组织过程的认识。这里要强调的是，带状流对输运壁垒的形成、壁垒的动力学特性、平均 $E \times B$ 流的演化，以及带状 $E \times B$ 流的演化，都具有很大的影响。

在托卡马克等离子体中，带状流的静电势涨落是有限径向波数为 0，带状流被拉长、非对称的旋涡，且频率为 0，它们也主要是偏振对称的，尽管可能会发生一些耦合到低 m 边带模式。由于它们的对称性，带状流不能获得储存在温度和密度梯度中的膨胀自由能，也不受 Landau 阻尼的影响。这些带状流完全由非线性相互作用驱动，非线性相互作用将能量从有限元漂移波传递到 $n = 0$ 漂移波。通常，这种非线性相互作用是通过三波耦合进行的，即两个高 k 漂移波和一个低 q（$q = q_r \dfrac{r}{r}$）带状流[17]。在位置空间中，这种能量传递过程是简单的，通过波应力对流动做雷诺功。这一产生过程的两个重要后果直接随之而来。首先，由于带状流的产生完全是通过漂移波的非线性传输，由于带状流的产生完全是通过漂移波的非线性传输，如果潜在的漂移波驱动力消失，带状流最终将衰减并最终消失。因此，带状流不同于平均 $E \times B$ 流一个重要的方面是在没有湍流（强高约束模和 ITB 区域）的情况下可以维持这种流动。其次，由于带状流是由漂移波的非线性能量传输产生的，因此它们的产生自然会降低由主要漂移波湍流引起的传输强度和水平。即带状流必然起到调节和部分抑制漂移波湍流和输运的作用，从数值模拟中可以清楚地看到这一点，数值模拟表明，当允许（适当地）产生带状流时，湍流和输运水平会降低。由于带状流不能吸收由漂移波非线性耦合产生的膨胀自由能，并且主要（但不完全）由碰撞过程阻尼，因此它们构成了系统可用自由能的重要和良性（从约束的角度）储层或储存库[20]。

理解带状流对漂移波影响的另一个途径是通过剪切，即带状流产生一种时空复杂的剪切模，这种模自然倾向于通过拉伸漂移波涡旋来扭曲漂移波涡旋，并在这个过程中产生大的。当然，在较小的尺度下，与耗散的耦合变得更强，从而产生净致稳趋势。由于流型的复杂性，分区流剪切处理不同于平均流剪切处理。认识到有可能进行统计分析，促进了这方面的进展。这是因为在带状流场中传播的漂移波包的自相关时间通常很短，而且漂移波射线是混沌的。因此，利用波动动力学和准线性理论，在随机剪切框架下计算下垫面漂移波场上带状流的"反作用"方面取得了重大进展。在重整化拟线性描述的层次上，证明了漂移波和带状流之间的能量守恒。因此，可以关闭波流相互作用的"反馈回路"，允许对各种系统状态进行自洽分析，并了解它们之间分岔的机制和路径[17]。

从更理论的角度来看，漂移波-带状流问题是复杂系统动力学中经常遇到的两类一般问题的一个极好例子。这就是两类不同尺度波动之间的非线性相互作用问题，以及湍流中结构的自组织问题。漂移波-带状流问题显然是第一类问题，因为与带状流（$q_r\rho_i \ll 1$，$\Omega \sim 0$）相比，漂移波具有较高的频率和波数（$k_\perp \rho_i \sim 1$，$\omega_k \sim \omega^*$）。大多数等离子体物理学家熟悉的朗缪尔湍流问题，涉及高频等离子体波和低频离子声波之间的相互作用。带状流问题是湍流中一个大结构的自组织问题。这一类的例子包括运输障碍物和剖面的形成和动力学、太阳差速旋转的起源、著名的磁力发电机问题（在相当不同的范围内，与太阳、地球、星系和反场箍缩有关）以及湍流和旋转管流中剖面的形成。

这些问题中的大多数都是在最简单的层次上通过考虑集合或环境湍流的"气体"对种子扰动的稳定性来解决的。例如，在发电机问题中，首先要考虑磁流体动力学（MHD）湍流的某些状态对原始磁场的稳定性。在带状流问题中，我们相应地考虑了漂移波气体对原始切变的稳定性。不稳定的发生意味着初始涡旋拉伸加剧，从而放大种子扰动。应注意的是，带状流的形成现象与二维流体中众所周知的能量逆级联有关，但并不完全相同，它导致大尺度涡旋形成。这是因为反向级联是通过波数空间中的局部耦合进行的，而带状流是通过小尺度和大尺度之间的非局部能量转移产生的。实际上，角向剪切放大与发电机理论中常见的 α 效应非常相似，后者描述了磁螺旋度向大尺度的非局部转移。还注意到，模式形成不稳定性的初始阶段仅满足对结构形成理论描述的部分挑战，并且必须随后通过理解带状流不稳定性的饱和机制来"闭合回路"。由漂移波湍流驱动的带状流饱和问题是目前世界范围内理论和计算研究的热点[15]。

3.3　漂移波湍流的描述

HM 模型和 HW 模型是最简单且最有效描述漂移波及其湍流的模型，它们包含了描述漂移波湍流的各种成分：线性漂移波、驱动漂移波的机制、湍流饱和的线性与非线性阻尼机制。在磁场中单个带电粒子因为受到洛伦兹力将沿着磁力线做回旋运动。然而，一般等离子体的离子-电子对密度为 $10^{12}/cm^3$，每一个粒子都经历着复杂的轨迹，因此，不可能去追踪每个粒子来预测等离子体的行为。在实际实验中观察到的一些等离子体现象，特别在低温实验中粒子间的碰撞是很频繁的，可以用流体理论来描述离子和电子的运动。每种粒子（电子和每种离子）都可用包含数密度 n 和速度 $\boldsymbol{u}$ 的一组流体方程组（类似于 Navier-Stokes 方程，但带电粒子绕磁场快速回旋运动）来描述，下面给出以上两种模型的推导。

3.3.1　HM 模型

HM 方程是一种研究等离子体湍流的简化模型，作如下假设：
（1）均匀的背景磁场 $\boldsymbol{B} = Bz$；
（2）冷离子；

（3）绝热电子和准中性条件，如 $n_i \approx n_e = n_{e0}\exp(e\varphi/T_e)$（Boltzmann 关系）；

（4）极化漂移相对于 $\boldsymbol{E} \times \boldsymbol{B}$ 速度为一小量，注意：非线性来自于离子极化漂移的 $\boldsymbol{E} \times \boldsymbol{B}$ 涡旋。

HM 模型与二维不可压缩中性流体相似，主要不同在于：

（1）在 HM 模型里，存在背景梯度；

（2）时间导数 $\partial\phi/\partial t$ 出现在 HM 模型里。

HM 模型在极限条件 $\phi/\nabla_\perp^2\phi \to 0$，或 $k\rho_s \gg 1$，其中，k 和 ρ_s 分别表示粒子的波数和粒子的回旋半径，像二维不可压缩流体，波长远远大于 ρ_s。推导如下。

将等离子体看成一种流体，则要满足离子的连续性方程：

$$\frac{\partial n_i}{\partial t} + \nabla \cdot (n_i \boldsymbol{u}_i) = 0 \qquad (3.1)$$

离子的漂移由离子的动量方程给出，忽略碰撞效应及离子黏滞效应可得：

$$m_i n_i \left[\frac{\partial \boldsymbol{u}_i}{\partial t} + (\boldsymbol{u}_i \cdot \nabla)\boldsymbol{u}_i \right] = en_i(\boldsymbol{E} + \boldsymbol{u}_i \times \boldsymbol{B}) - \nabla P_i \qquad (3.2)$$

式中 m_i，$\boldsymbol{u}_i$——分别为离子的质量与速度。

方程式（3.1）、式（3.2）结合 Boltzmann 关系构成一个完整封闭的等离子体系统。

空间不均匀等离子体，如 $n_0 = n_0(x)$，在垂直于磁场方向具有有限压力梯度会导致漂移波的产生。漂移指的是波传播方向与电子的抗磁速度相同，大小为 $u_{de} = -mkT/(eBL_n)$，$1/L_n = \mathrm{d}\ln n_0(x)/\mathrm{d}x$，其中 L_n 为平衡时等离子体的密度梯度的特征长度。而离子速度可表示成 $\boldsymbol{E} \times \boldsymbol{B}$ 速度与极化漂移速度的和：

$$\boldsymbol{u} = \boldsymbol{E} \times z/B_0 - \frac{1}{\omega_{cj}B_0}\left(\partial t\, \nabla_\perp\varphi + \left(\frac{z \times \nabla_\perp\phi}{B_0} \cdot \nabla_\perp\right)\nabla_\perp\varphi\right) \qquad (3.3)$$

由方程式（3.1）和式（3.3）可得到描述扰动电势演化的非线性方程：

$$\frac{\partial}{\partial t}(\nabla^2\varphi - \varphi) - \nabla\varphi \times z \cdot \nabla(\nabla^2\varphi - \ln n_{e0}) = 0 \qquad (3.4)$$

方程（3.4）就是著名的 Hasegawa-Mima 方程，简称为 HM 方程[47,48]。该方程中，已做如下归一化：$\omega_{ci}t \to t$，$\dfrac{x}{\rho_{s,i}} \to x$，$\dfrac{e\varphi}{T_e} \to \varphi$，$\rho_{s,i}^2 \to \dfrac{T_e}{m_i}\dfrac{1}{\omega_i^2}$，$\omega_{ci} \to \dfrac{eB_0}{m_i}$。

假如电势的平面波解为：

$$\varphi: \exp(-i\omega t + i\boldsymbol{k} \cdot \boldsymbol{r}) \qquad (3.5)$$

则漂移波的色散关系可表示为：

$$\omega = -\frac{\boldsymbol{k} \times z \cdot \nabla\ln n_{e0}}{1 + k^2} \qquad (3.6)$$

注意在这里，漂移波是稳定的（ω 是一个纯实数），当没有平行电子阻尼时，

如：$R_e \cdot B/|B| = 0$，压力梯度由电场平衡，对于等温等离子体，电子密度与电势满足 Boltzmann 关系：

$$\frac{n_1}{n} = \frac{e\varphi}{T_e} \qquad \left(\frac{e\varphi}{T_e} = 1\right) \tag{3.7}$$

结果，密度为正的位置，电势也为正，$E \times B$ 速度使等离子体从不同的密度恢复到平衡时的密度，这引起的唯一效应是以电子的抗磁漂移速度传播漂移波，密度和电势扰动同相，则系统稳定，HM 模型适用于研究无阻尼谱演化。然而，对于大多数实验，由于 $R_e \neq 0$，故该模型不适用。在 HM 模型中，有广义能量与广义势熵守恒：

$$W = \int dV \frac{\varphi^2 + (\nabla\varphi)^2}{2} \tag{3.8}$$

$$U = \int dV \frac{(\nabla^2\varphi)^2 + (\nabla\varphi)^2}{2} \tag{3.9}$$

这表明存在两种惯性区间，在这区间里，W、U 具有不同的级联特性。对于二维不可压缩流体，有：

$$W = \int dV \frac{(\nabla\varphi)^2}{2} \tag{3.10}$$

$$U = \int dV \frac{(\nabla^2\varphi)^2}{2} \tag{3.11}$$

以上两个量守恒。因此在 $k\rho_s \gg 1$ 条件下，即粒子回旋半径远大于漂移波波长，HM 与 Euler 两种模型的两个守恒相同。

3.3.2　HW 模型

由于经典的弱扰动理论不能很好解释在 Tokamak 边界观察到的等离子体的密度起伏，Hasegawa 和 Wakatani 等人在 HM 模型基础上，提出了 Hasegawa - Wakatani 模型。该模型考虑了电子阻尼、电子-离子碰撞和离子黏滞，适合于描述强扰动漂移波湍流系统中线性漂移波、驱动不稳定性机制、湍流饱和状态下的线性与非线性阻尼机制。简要的推导过程如下。

正如 HM 模型定义的坐标，z 方向平行于磁场方向，x 方向沿密度梯度方向，y 方向垂直 x 轴，z 方向对应于 Tokamak 中的角向。同样假设磁场均匀 $B = B_0 z$，同样为简化，假设离子为冷离子且电子温度相等，由离子动量方程：

$$\frac{d u_i}{dt} = -\frac{e}{m_i}\nabla\varphi + \frac{e}{m_i}u_i \times B - \nabla p_i - \nabla \Pi + F \tag{3.12}$$

其中离子的电荷数为1。离子的连续性方程：

$$\frac{\partial n_i}{\partial t} + \nabla \cdot (n_i u_i) = 0 \tag{3.13}$$

由离子热速度远低于电子热速度，可作冷离子近似，故 $\nabla p_i = 0$，$\boldsymbol{F} = 0$，黏滞力：$-\nabla \boldsymbol{\Pi} = \mu \nabla^2 \boldsymbol{u}_i$，其中 μ 为离子的黏滞系数。用 $\boldsymbol{B} \times$ 式（3.12）一次、两次，可得离子的漂移速度：

$$\boldsymbol{u}_i = \boldsymbol{u}_i^0 + \boldsymbol{u}_i^1 = -\frac{\nabla \varphi \times \boldsymbol{z}}{B_0} - \frac{1}{\omega_{ci} B_0} \frac{\mathrm{d} \nabla \varphi}{\mathrm{d} t} - \frac{\mu}{\omega_{ci} B_0} \boldsymbol{B} \times \nabla^2 \boldsymbol{u}_i^0 \qquad (3.14)$$

方程（3.14）右边第一项表示 $\boldsymbol{E} \times \boldsymbol{B}$ 漂移速度，第二项表示极化漂移速度，第三项表示黏滞引起的附加速度 $\boldsymbol{u}_{i,\,visc}^1 = -\frac{\mu}{\omega_{ci} B_0} \boldsymbol{B} \times \nabla^2 \boldsymbol{u}_i^0$，将总速度 $\boldsymbol{u}_i$ 代入连续性方程（3.13）可得：

$$\frac{\mathrm{d}}{\mathrm{d} t}\left[\ln n_0 + \frac{n_1}{n_0} - \frac{\nabla^2 \varphi}{\omega_{ci} B_0}\right] + \frac{\mu}{\omega_{ci} B_0} \nabla^4 \varphi = 0 \qquad (3.15)$$

由电子的动量方程：

$$m_e n_e \frac{\mathrm{d} \boldsymbol{u}_e}{\mathrm{d} t} = -e n_e(-\nabla \varphi) - e n_e \boldsymbol{u}_e \times \boldsymbol{B} - \nabla p_i - \nabla \boldsymbol{\Pi} + \boldsymbol{F} \qquad (3.16)$$

其中忽略电子的惯性项及电子的黏滞项，$m_e \frac{\mathrm{d} \boldsymbol{u}_e}{\mathrm{d} t} = 0$，$\nabla \boldsymbol{\Pi} = 0$。可得：

$$0 = -e n_e(-\nabla \varphi) - e n_e \boldsymbol{u} \times \boldsymbol{B} - \nabla p_i + \boldsymbol{F} \qquad (3.17)$$

电子离子碰撞引起的摩擦力可表示为：

$$F_{e\parallel} = -e m_e n_e \nu_{ei} u_{eP} = m_e \nu_{ei} J_\parallel \qquad (3.18)$$

式中 $J_\parallel$ —— z 方向的扰动电流密度。

考虑电子平行方向的运动：

$$0 = e n_e \nabla_{\parallel \varphi} - \nabla_\parallel p_e + m_e \nu_{ei} J_\parallel \qquad (3.19)$$

$$J_\parallel = \frac{T_e}{e\eta} \nabla_\parallel \left(\frac{n_1}{n_0} - \frac{e\varphi}{T_e}\right) \qquad (3.20)$$

式中，η 为电阻率，忽略电子的极化漂移速度。由连续性方程：

$$\frac{\partial n}{\partial t} + \boldsymbol{u}_E \cdot \nabla n + \nabla_\parallel u_{e\parallel} = 0 \qquad (3.21)$$

式中，$n = n_0 + n_1$。方程（3.21）可表示为：

$$\frac{\mathrm{d}}{\mathrm{d} t}\left(\frac{n_1}{n_0} + \ln n_0\right) = \frac{1}{e n_0} \nabla_\parallel J_\parallel \qquad (3.22)$$

式中，$\nabla \boldsymbol{u}_E = 0$，$u_{i\parallel} = 0$，利用式（3.20）消去 $J_\parallel$ 可得：

$$\frac{\mathrm{d}}{\mathrm{d} t}\left(\frac{n_1}{n_0} + \ln n_0\right) = \frac{T_e}{e^2 \eta n_0} \nabla_\parallel^2 \left(\frac{n_1}{n_0} - \frac{e\varphi}{T_e}\right) \qquad (3.23)$$

对变量作如下归一化：

$$\frac{e\varphi}{T_e} \equiv \varphi, \qquad \frac{n_1}{n_0} \equiv n, \qquad \omega_{ci}t \equiv t, \qquad \frac{x}{\rho_s} \equiv x \qquad (3.24)$$

则方程式（3.15）和式（3.23）可化为：

$$\left(\frac{\partial}{\partial t} - \nabla\varphi \times z \cdot \nabla\right)\nabla^2\varphi = c_1(\varphi - n) + c_2\nabla^4\varphi \qquad (3.25)$$

$$\left(\frac{\partial}{\partial t} - \nabla\varphi \times z \cdot \nabla\right)(n + \ln n_0) = c_1(\varphi - n) \qquad (3.26)$$

式中，c_1——绝热参数，$c_1 = -\frac{T_e}{e^2 n_0 \eta \omega_{ci}}\nabla_\parallel^2 = k_\parallel^2 V_{the}^2/\nu_e\omega_{ci}$；

$k_\parallel$——波数的平行分量；

V_{the}——电子热速度；

ν_e——电子离子碰撞频率；

c_2——归一化离子黏滞系数，$c_2 = \mu/\rho_s^2\omega_{ci}$。

以上两个方程就是著名的 HW 方程。当 $c_1 \gg 1$ 且 $c_2 \ll 1$ 时，即无碰撞等离子体，得方程变为 HM 方程；当 $c_1 \ll 1$ 且 $c_2 \ll 1$ 时，即为不可压缩流体的漂移波湍流方程，称为二维流体的 Euler 方程：

$$\frac{\partial}{\partial t}\nabla^2\varphi - (\nabla\varphi \times z) \cdot \nabla(\nabla^2\varphi) = 0 \qquad (3.27)$$

HW 模型（方程（3.25）和方程（3.26））中，有 3 个无量纲参数决定着漂移波湍流的非线性动力学特性：（1）归一化密度特征长度 ρ_s/L_n；（2）绝热参数 c_1；（3）归一化离子黏滞系数 c_2。如有与中性粒子的碰撞，则无量纲离子-中性粒子碰撞频率 ν_{in} 也是相关的，应远远小于 1，参数 c_1 决定着偏离 Boltzmann 关系的程度。对于 $c_1 \gg 1$，平行方向碰撞可忽略，这时变成 HM 模型；对于 $c_1 \approx 1$，Boltzmann 关系被破坏，密度和电势涨落变得空间解相关，有一个有限相位偏离；对于 $c_1 \ll 1$，是流体极限，这种条件下就是类似于二维 Euler 流体。典型漂移波垂直方向空间尺度为 ρ_s，时间尺度为 $\omega \ll \Omega_{ci}$。当 $\rho_s/L_n \ll 1$ 和 $c_2 \ll 1$ 时漂移波湍流发生，这就导致动量方程（3.2）中随流导数变得重要。在一些 Tokamak 实验中满足 $c_1 \approx 1$，$\rho_s/L_n \approx 0.3-0.5$，$c_2 \approx 0.2-0.3$ 和 $\nu_m \approx 0.01$。在有限电子阻尼情况下（$c_1 \approx 1$），电子不能对等离子体电势的扰动快速响应，因此，这里有一个数密度与电势有限相位的偏离，$E \times B$ 速度加强密度扰动，随着 ρ_s/L_n 的减小系统变得不稳定。

3.4 漂移波湍流的抑制

湍流是一种具有高度时空无序性的状态，湍流过程是由不稳定性驱动，具有复杂的非线性动力学特性和宽泛的时空尺度，存在于流体、气体和等离子体中。

在有望实现热核聚变的磁约束等离子体中，漂移波湍流会引发湍流输运，会破坏等离子体的约束，因此，找到湍流的控制方法对于实现热核聚变至关重要[15,17]。

3.4.1 带状流抑制湍流

3.4.1.1 带状流的研究意义

带状流由于被认为可以调节漂移波湍流，故在磁约束等离子体中具有重要的意义，特别是，在 Tokamak 等离子体中观察到带状流和平均剪切流抑制了离子温度梯度不稳定性驱动的湍流。而且带状流在引发低约束模向高约束模过渡方面扮演着重要的角色[38]。

带状流对湍流和输运的自调节作用，使输运系数降低，带状流使发生湍流和输运的临界梯度上移（dimits shift），这是因为在弱碰撞状态下邻近不稳定性阈值时，大部分自由能耦合到带状流的结果[15]。带状流是控制输运的新手段，通过控制带状流的阻尼率（它与离子-离子碰撞频率及磁位形有关）可以控制湍流和输运。对带状流的研究可以帮助理解托卡马克等离子体次级介观结构及其对输运的影响[17]。托卡马克装置中的带状流如图 3.5 所示。

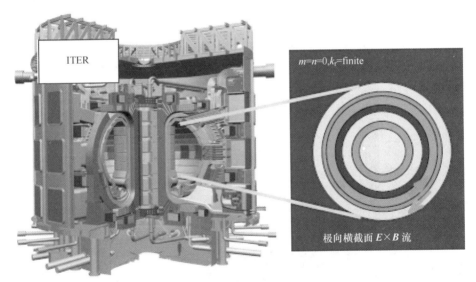

图 3.5 托卡马克装置中的带状流[17]

3.4.1.2 什么是带状流

在环形磁约束等离子体中，带状流是湍流驱动、线性稳定、环向和极向对称、径向局域的极向流，它不直接驱动径向输运。它与漂移波湍流一起，构成湍流-带状流系统[17]。

　　带状流是一种漂移波湍流自发产生的一种电势涨落结构，在环位形等离子体中，带状流具有极向对称和环向对称，但径向波数有限，其包括两个分支——测地声模（geodesic acoustic mode）和低频带状流（low frequency zonal flow，通常称为带状流），前者是带状流在环位形效应下耦合产生的[18]。

3.4.1.3　带状流的基本特征

　　带状流的基本特征：环向和极向对称的、径向波数有限的径向电场涨落（或电势涨落），即：

$$n = m = 0, \qquad q_r\rho_i \sim 0.1 \tag{3.28}$$

其中，n 和 m 表示环向和径向波数；q_r 表示径向波数。

3.4.1.4　研究进展

　　带状流已被观察到可以抑制涡旋的输运，最著名的一个例子就是木星表面的大气流，如图 3.6 所示，木星表面纬度方向的带状流有效抑制了大气涡旋对流运动。木星表面的大气运动分布，纬线方向的带状流清晰可见，带状流抑制了气流涡旋横越带状流。

图 3.6　木星表面纬度方向的带状流[49]

　　Hasegawa 等人已证明，HM 方程数学上与水平大气运动方程类似，后者受到万有引力及梯度产生的 Coriolis 力影响，纬度方向 Coriolis 参数变化对应于圆柱等离子体径向方向，经线方向对应于角向方向，垂直方向对应于轴向方向[50]。基于等离子体中 HM 模型与行星表面描述大气湍流 Euler 模型极其相似，因此，Ha-segawa 等人[27]也推测，类似于等离子体中也存在带状流，也能够抑制等离子体的涡旋流。

Hasegawa 和 Wakatani 通过数值模拟得到，等离子体涡旋对流通过等势面时被抑制，因此，电子在等势面上运动，如果涡旋不能横越该表面，带状流有望抑制电子在径向的输运。这个事实揭示了一个很有趣的过程，在这个过程中不稳定性激发的等离子体的自组织状态可以抑制径向的电子反常输运[27]。事实上，带状流抑制电子的热输运已经在电阻压力梯度驱动的湍流[49]、离子温度梯度驱动的湍流[29]、无碰撞捕获电子模湍流[30]以及其他模型的模拟中得到了很好的证明。正如图 3.7 所示，在带状流出现时电子的热导得到了很好的抑制。

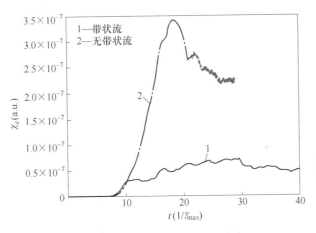

图 3.7 电子热输运的演化图[30]

图 3.7 中，线 1 表示自主组织带状流存在条件下的电子热输运，线 2 表示不存在带状流条件下的电子热输运。到目前为止，带状流的存在以及其在抑制输运方面的作用在各种实验中得到了验证，但对于带状流稳定性及其对等离子体输运的影响还不是很清楚，这是近年磁约束等离子体研究的一个热点[51-60]。反常输运会导致粒子与能量横越磁场而损失，1998 年林志宏等人在粒子模拟中发现，一定条件下，漂移波湍流可以自发激发一种极向剪切流，称为带状流。漂移波可被带状流从不稳定的长波区域"散射"到稳定的短波区域，其增长得到有效的抑制。

3.4.1.5 漂移波湍流与带状流的相互作用

首先，从带状流产生过程来看，等离子体密度或温度梯度产生的漂移波相互作用会演变成湍流，会导致湍流输运，而带状流是一种漂移波湍流中的次级模，产生过程中湍流的能量和动量会非线性地转移给带状流[30,61]，由于总能量守恒，带状流获得了能量，必然导致背景湍流涨落的降低。而带状流由于在极向与环向对称，本身不会产生横越磁场的输运[62-64]。换句话说，带状流产生过程中抑制了背景湍流的涨落，因此减小了粒子与能量的输运[65-71]。带状流通过剪切来调制漂移波湍流，同时漂移波湍流也给带状流提供能量，这就形成了猎人与猎物的反馈循环，如图 3.8 所示[72]。

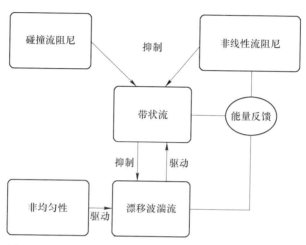

图 3.8   漂移波–带状流系统中猎人–猎物反馈环结构[72]

这个系统的控制参数为源（热通量等）和带状流阻尼，该系统也反映了准二维流体的双向级联。带状流通过离子间的碰撞阻尼来调制输运，已通过回旋动力学粒子模拟得到很好的证明[73]，即使很低的离子间的碰撞频率，正如 Tokamak 中心的等离子体，也能通过减弱带状流的振幅来增强湍流的涨落。在离子温度梯度线性阶段，离子的碰撞阻尼可以忽略，但在接近或超过线性阶段，带状流的碰撞阻尼会导致离子的热输运，正如图 3.9 所示[74]。

其次，在带状流产生后，由于其是一种径向小波数的电势涨落结构，这样在径向电场与外加的磁场作用下，会形成 $\boldsymbol{E} \times \boldsymbol{B}$ 剪切流，剪切流导致湍流涡旋拉伸，使得较长的涡旋被打碎，这就减小了湍流的长度，切断了输运的通道，因此减少了湍流的输运（图 3.10）[74]，相关的数值模拟证实了这一观点[75]（图 3.7）。

由图 3.10 可知，带状流存在时，电势的幅度降低的同时，其径向相关长度明显减小，热传输系数减小，可以有效抑制漂移波湍流。

这个机制与其他的径向电场剪切效应等同的，但与平衡流驱动的相干剪切效应不同，这种剪切效果随时间变化。Z. Lin 等人通过三维回旋粒子模拟（GTC），模拟了环位型下 ITG 模驱动的湍流以及与带状流间的相互作用，给出了随着带状流能量的增加，湍流径向波数，极向波数随带状流能量增加的变化[71,75]。

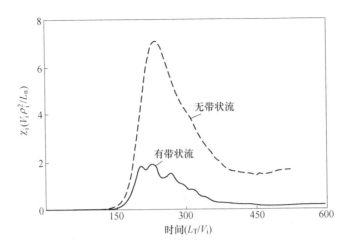

图 3.9 热传导系数的时间演化模拟[74]

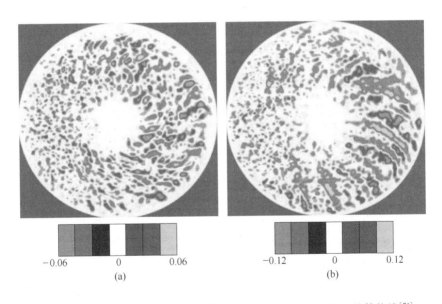

图 3.10 非线性球模拟出的稳态电势相对涨落 $e\phi/T_i$ 在极向上的等势线[74]

(a) 存在 zonal flow 的平行电势扰动；(b) 不存在的情形

　　带状流产生的重要意义是其可以调制湍流及其产生的输运[7,11,12]，平缓的平均剪切流、剪切倾斜湍流涡流、减小径向长度和拉长涡旋可以破坏湍流涡旋，这揭示径向波长随时间变大，k_r 的增大表明湍流扩散系数 $\chi_{turb} \approx \Delta l^2/\tau_{corr}$ 的有效步长

Δl 减小，而且，能量在湍流与带状流之间转移，但总能量守恒，因此，带状流能量的增加伴随着漂移波湍流能量的减少，即输运得到抑制。理解、预测和控制漂移波湍流及其输运对于聚变的实现是巨大的挑战。首先，必须探究清楚湍流的结构及其动力学特性，湍流通过什么机制导致的反常输运。其次，对于 Tokamak 装置中不同的区间，给出其定标关系，通过局域控制湍流来抑制湍流输运，实现等离子体的平衡及良好约束。

测量湍流涨落的时空尺度对于聚变是一个主要挑战，要测量的湍流的重要参数有：相关长度 λ_c，相关时间 τ_c，密度、电势和温度涨落水平，密度涨落。最简单的随机行走估算，扩散系数：$D \propto \lambda_c^2 / \tau_c$（图 3.11）。实现聚变必须对以下两个问题深入理解与研究[75]：涡旋尺寸、涨落水平以及约束间的相关性如何？在 Gokamal 装置中，是什么决定湍流的尺寸？

大涡旋
高输运

小涡旋
低输运

λ_c

图 3.11　扩散系数计算模型[75]

带状流与湍流非线性相互作用的基本理解，带状流通过两种方式调制湍流：一方面，带状流可能是通过雷诺胁强由湍流非线性相互作用产生的，该过程的总能量是守恒的，带状流从湍流（主要是 $\widetilde{E}_r$ 和 $\widetilde{\phi}$）获取能量，它表现为对湍流的直接幅度调制作用；另一方面，带状流对湍流的随机剪切作用，它使湍流的内部能量从低频向高频传输，它表现为对湍流的所有场量的相位调制（频谱和径向波数的随机展宽）[15,17]。上述认识仍有待于进一步实验证实。

3.4.2　利用混沌控制湍流

混沌控制在过去 20 年中成为非线性科学的研究热点[76-81]，自从 20 世纪 90 年代 Ott 等人开创该领域来[82]，混沌的控制在各领域的应用成为研究热点[78]，前期主要集中于低维混沌的控制研究，近来聚焦于时空混沌的控制的研究[83]。与低维混沌不同的是，时空混沌具有高维度，即具有较大的正 Lyapunov 指数[77]，这种特性使得开发许多技术来控制其扩散[83,84]。有别于其他控制，钉扎控制以其有效性、灵活性和高性能广泛应用于时空混沌控制，包括偏微分方程描述的时空混沌[85]和 Novier-Stokes 方程描述的湍流[86,87]。

时空混沌与湍流常见于一系列非线性动力学系统中，在现实应用中常被看作是有害的[42,88]。一个时空非线性系统的典型例子就是漂移波湍流，这种漂移波湍流存在于有密度梯度的磁约束装置中，是导致反常输运的主要原因，控制和抑制湍流输运对于取得很好约束实现聚变致关重要[15,17,18]。如在过去 20 多年，对于 Tokamak 装置，人们研究了各种技术与方法来抑制漂移波湍流以达到控制输运目的[89,90]，在弱湍流区域利用时间延迟同步技术，取得了一些成果，即通过一系列漂移波使圆柱磁化等离子体中的混沌暂态行为可以逐步变成周期性结构。进一步地，通过开环同步的方法，也就是选模控制，一个复杂的弱饱和漂移波湍流的空间行为也可以被控制到有规则的空间结构。最近的研究得出，利用钉扎耦合方法，不管是漂移波湍流的空间行为还是时间行为，只有钉扎强度大于临界值，都可以有效调制进入不同的时空模[33,34]。

在混沌控制中，漂移波湍流的控制有赖于深刻理解系统的动力学特性，这不仅反映目标态的选择，同时也依赖于控制信号的设计。在研究漂移波湍流的动力学特性，普遍的方法是将问题放到傅里叶空间来研究，研究模式间的相互作用，如模模耦合，导出其复杂的系统行为[86,89]。文献[40，87，88]中提出了几个经典的模型，很好地解释了由规则到混沌行为的过渡，以及一些大尺度结构的自组织行为，如带状流。然而，这些模型描述的只是自由湍流条件下的，不适合分析湍流的控制，在湍流控制中，最重要的思想就是在目标态和系统固有波模之间建立有效的耦合来增强这些特别的模式而抑制其他模式[33,88]。当控制信号满足特定的空间分布时，模式耦合会显著修正，因为新的共振是由控制信号调制的。本节讨论的是基于耦合模网络研究分布钉扎漂移波湍流的控制，这里分布钉扎指的是钉扎强度随空间变化且满足某种特定的分布，如正弦分布或局域分布[40]。

20 世纪 90 年代，学者开始研究漂移波湍流的控制，采用了正弦波驱动的非线性漂移波模型。2006 年，Tang Guoning 利用时间延迟和空间漂移自同步反馈方法研究了漂移波湍流的控制，其研究表明，无论是空间漂移反馈还是时间延迟反馈都能较好地抑制漂移波湍流。当漂移波湍流成功抑制时，目标态变成了周期性且系统的能量达到最小值，当时间延迟与空间漂移达到最优匹配时，控制强度的阈值大幅减小，同时注入信号的能量也减小[91]，并在 2007 年用一个正弦波成功抑制漂移波湍流。流体湍流（flow turbulence）中包含了多种尺度结构且能量通过非线性相互作用在各尺度间传递，这与漂移波湍流很相似[92]。2004 年管曙光团队研究了二维流体湍流的控制效率问题，研究表明，对于二维 Naiver-Stokes 方程，选取同样的目标态，采用同样的钉扎反馈控制方法，即使只控制速度矢量的一个方向，也可以达到控制效果。基于 HM 方程与 Naiver-Stokes 方程的相似性，也许可以用类似方法来控制 HM 方程描述的漂移波湍流[88,93]，下面介绍运用均匀钉扎和非均匀钉扎两种方法来控制漂移波湍流。

3.4.2.1   均匀钉扎控制湍流

研究基于二维 HM 方程的漂移波湍流[47]：

$$\frac{\partial}{\partial t}(1 - \nabla_\perp^2)\varphi + V_d \frac{\partial}{\partial y}\varphi + [\nabla_\perp^2 \varphi, \varphi] = 0 \qquad (3.29)$$

式中　　φ——静电势，$\varphi = \varphi(x, y, t)$；

　　$[f, g]$——泊松括号，$[f, g] = \frac{\partial f}{\partial y}\frac{\partial g}{\partial x} - \frac{\partial f}{\partial x}\frac{\partial g}{\partial y}$；

　　$\nabla_\perp^2$——垂直于磁场 $\boldsymbol{B} = Be_z$ 的 Laplace 算符，$\nabla_\perp^2 = \nabla_x^2 + \nabla_y^2$；

　　V_d——抗磁漂移速度；

$[\nabla_\perp^2 \varphi, \varphi]$——非线性项导致非线性极化漂移。

令 $V_d = 1$，则系统处于强湍流区域[93,94]。通过对方程（3.29）的数值模拟，采用 Adams-Bashforth-Crank-Nicolson（ABSN）离散方法，经过一定时间，三波可演化湍流状态，系统状态 φ 在 $t = 1 \times 10^3$ s 时如图 3.12（a）所示，系统处于湍流状态。

加入控制信号条件下，如图 3.12（b）所示，湍流状态已经完全被控制到了目标态（$k_T = (1.25, 1.25)$）（引自文献 [33]），为抑制湍流，采用全局钉扎控制方法，即在所有格点上加上均匀的控制信号，则 HM 方程变为[40]：

$$\frac{\partial}{\partial t}(1 - \nabla_\perp^2)\varphi + V_d \frac{\partial \varphi}{\partial y} + [\nabla_\perp^2 \varphi, \varphi] = \varepsilon(x, y)(\varphi - \varphi_T) \qquad (3.30)$$

式中　　φ_T——设定的目标态，即期望湍流最终的状态；

　　ε——控制信号的强度。

为简便，把目标态定为 HM 方程的一个不稳定解，则一旦把系统控制到目标态上，系统将自发维持这种状态[40]。

$$\varphi_T = A_T \cos(\boldsymbol{k} \cdot \boldsymbol{r} - \omega_T t) \qquad (3.31)$$

其中 $A_T = 5 \times 10^{-2}$，$\boldsymbol{k}_T = (k_T, k_T) = (1.25, 1.25)$ 且 ω_T 和 k_T 满足线性漂移波色散关系：$\omega_T = k_T/(1 + k_T^2)$。若系统湍流如图 3.9（a）所示，取 $\varepsilon = 0.2$，加入控制信号且经历时间 $t = 1 \times 10^3$ s 后，可得到新的状态，如图 3.9（b）所示。可以看出湍流状态得到完全的抑制，与目标态完全一致，因此应用上述方法可以有效抑制湍流。通过数值模拟及理论分析证明了运用均匀钉扎信号能有效控制漂移波湍流，且控制信号参数的选取会影响控制效果，目标态确定时，存在一个临界控制强度 ε_c，当控制强度大于 ε_c 时，湍流系统可被完全控制到目标态；控制强度增大或目标态波数减小时，控制的效果更好[33]。

3.4.2.2   非均匀钉扎控制湍流

运用不均匀控制信号，即利用空间有变化的控制信号来控制漂移波湍流，加

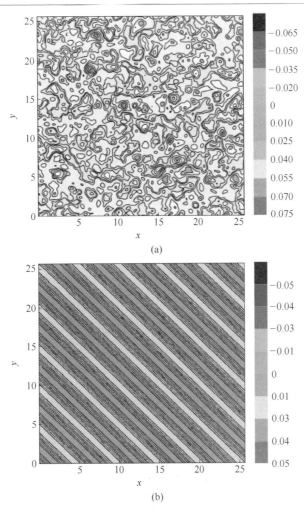

(a)

(b)

图 3.12　$t=1\times10^3$s，基于 HM 方程二维漂移波湍流等势线（a）和
$\varepsilon=0.12$ 时，在加入控制信号 $t=1\times10^3$s 后的演化图（b）

入变化控制信号的系统方程为：

$$\frac{\partial}{\partial t}(1-\nabla_\perp^2)\varphi + V_d\frac{\partial\varphi}{\partial y} + [\nabla_\perp^2\varphi,\ \varphi] = -\varepsilon(x,\ y)(1+\varphi_0^p)(\varphi-\varphi_T)$$

（3.32）

式中　φ——电势；

　　　V_d——抗磁漂移速度（V_d 可取 1）；

　　　ε——控制强度，表示控制的强弱；

　　　φ_T——湍流要控制目标时空模式；

　　　φ_0^p——空间的一个正弦分布，表示控制信号随空间正弦变化，称为钉扎模。

　　采用类似的数值模拟方法，在系统不施加控制信号时，经过一段时间（$t = 1×10^4$ s）的演化，可得到电势 φ 的状态图（图 3.13（a）），由图可知，系统处于湍流状态，称为参考态。加入信号控制，设定一个非稳定解作为目标态：

$$\varphi_T = A_T\cos(\boldsymbol{k}_T \cdot \boldsymbol{r} - \omega_T t) \tag{3.33}$$

其中目标态的振幅为 $A_T = 5 \times 10^{-2}$，波矢为：$\boldsymbol{k}_T = (k_T, k_T) = (1.25, 1.25)$ 且 ω_T 和 k_T 满足线性漂移波色散关系：$\omega_T = k_T/(1 + k_T^2)$。不均匀钉扎模表达式为：

$$\varphi_0^p = A_0\cos(\boldsymbol{k}_0 \cdot \boldsymbol{r}) \tag{3.34}$$

式中　　A_0——钉扎模振幅；

　　　　k_0——钉扎模波矢。

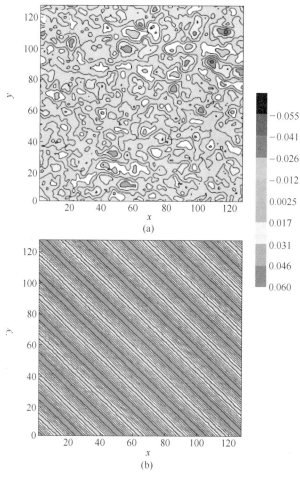

图 3.13　二维 Hasegawa-Mima 方程描述的漂移波湍流的电势等式图（a）和控制强度 $\varepsilon = 0.12$，电势 φ 在加入不均匀控制信号后 $t = 2×10^4$ s 的演化图（b）显然，漂移波湍流被控制到了目标态[34]

这是两个表示信号不均匀的特征参量。

当系统演化到 $t = 1 \times 10^4$s 时加入不均匀钉扎信号（此信号的参量为：$\varepsilon = 0.12$，$A_0 = 1$，$k_0 = (0.75, 0.75)$）。当 $t = 2 \times 10^4$s 时，此时电势 φ 的状态如图 3.13（b）所示，从图可以看出湍流状态得到完全抑制，与目标态完全吻合。数值模拟结果表明，非均匀钉扎控制可以把湍流控制到目标态，固定目标态，针对不均匀参数，控制信号的振幅和波数，会对控制效果产生影响，且随着波数的增大和振幅的减小，控制误差会减小，控制效果变好。无论是均匀钉扎控制还是非均匀钉扎控制，都是基于控制强度在时间和空间的分布，均可以很好地抑制湍流[33,34]。

4 无碰撞等离子体漂移波湍流的含杂质效应

4.1 引言

HM 方程已成为磁化等离子体中描述局域非线性静电漂移波及其相互作用和漂移波湍流的经典范式[95-99]。HM 方程适合于频率远小于离子回旋频率的漂移波，且忽略可能的动力学效应，如 Landau 阻尼、热离子效应、有限离子 Larmor 半径效应。另一方面，在现实等离子体中，如太阳日冕、地球电离层、许多实验、工业上，特别是 Tokamak 及箍缩装置中，等离子体包含有多种离子。特别在 Tokamak 边缘存在着多种杂质离子，如 He、C、W、Mo 等[100-104]，以及微米纳米尺度的带电尘埃及颗粒，它们的动力学特性与本底离子（通常为氢）相似，但是有不同的时空尺度[105]，会影响和改变等离子体的行为，如出现新的模式和不稳定性[106-108]。这将修正湍流特性，进而影响等离子体的输运[31,32]。因此研究含杂质等离子体中漂移波及其湍流特性具有重要意义。本章首先得到描述三成分等离子体漂移波及其湍流的非线性演化方程，接着研究其湍动级联过程。

4.2 两离子系统中的 HM 方程

等离子体系统可简化为二维平板位形（见图 4.1），磁场均匀分布且具有固定的密度梯度，考虑非均匀等离子体中离子密度分布为 $n = n(x)$，外磁场为恒定磁场 $B_0 z$，漂移波频率为 ω，相关物理量慢变且远远小于离子的回旋频率 $\omega_{ci} = Z_j e B_0 / m_j$，其中 $j = a$，b 为两种离子，e 为电子所带电量，m_j 和 Z_j 分别为 j 离子的质量与电荷数。漂移波为低频静电波，则相速度满足：$v_{Tj} \ll \omega/k_z \ll v_{Te}$，其中 v_{Te} 和 v_{Tj} 分别为电子与离子的热速度。电子能沿磁场快速运动，可维持局域热平衡，因此电子分布可看作玻耳兹曼分布。由于漂移波各物理量相对离子回旋慢变，故离子沿磁场方向的运动可以忽略，主要考虑垂直磁场方向的运动，离子的热速度远远小于电子的热速度，可以认为是冷离子，且密度梯度慢变且沿 x 方向，因此，可引入小量 ε[96]：

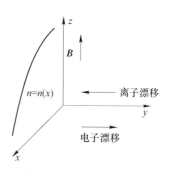

图 4.1 基础漂移波位形

$$\rho_{sj} \mid \nabla \ln n_{j0} \mid \sim \omega_{cj}^{-1} \partial t : O(\varepsilon) \tag{4.1}$$

式中，ρ_{sj} 为离子的回旋半径，$\rho_{sj} = \sqrt{Z_j T_e / m_j \omega_{cj}^2}$；$T_e$ 为电子的温度。

由于漂移波频率远小于离子的回旋频率，由热电子局域平衡，因此电子分布遵守 Boltzmann 关系：

$$n_e = n_0 \exp(e\varphi / T_e) \tag{4.2}$$

式中，φ 为扰动静电势，是 x，y 的函数。由于 $e\varphi / T_e \ll 1$，故有：

$$\frac{n_e}{n_0} = \frac{e\varphi}{T_e} \tag{4.3}$$

离子连续性方程可表示为：

$$\frac{\partial n_j}{\partial t} + \nabla \cdot (n_j \boldsymbol{v}_j) = 0 \tag{4.4}$$

式中　$\boldsymbol{v}_j$——第 j 种离子流体的速度。

由漂移近似条件式（4.1）可得到：

$$\frac{\mathrm{d} \ln n_j}{\mathrm{d} t} + \nabla \cdot \boldsymbol{v}_j = 0 \tag{4.5}$$

式中，$n_j = n_{j0} + n_{j1}$，n_{j0}、n_{j1} 分别为平衡时第 j 种离子的数密度和扰动密度，前者与 x 有关，$n_{j0} = n_{j0}(x)$。将 $\ln n_j$ 作 Taylor 展开，方程（4.5）可表示为：

$$\frac{\mathrm{d}}{\mathrm{d} t} \left(\ln n_{j0} + \frac{n_{j1}}{n_{j0}} \right) + \nabla \cdot \boldsymbol{v}_j = 0 \tag{4.6}$$

由于离子温度远远小于电子温度，离子可看作冷离子，故可忽略离子受到的热压力。对于气体和等离子体，温度越高意味着粒子运动速度越快，碰撞越少，因此，在磁约束装置中心，可忽略电子的碰撞与离子的黏滞，则离子的运动方程可表示为：

$$\frac{\mathrm{d} \boldsymbol{v}_j}{\mathrm{d} t} = -\frac{Z_j e}{m_j} \nabla \varphi + \boldsymbol{v}_j \times \boldsymbol{\omega}_{cj} \tag{4.7}$$

将左边写成随流导数形式：

$$\frac{\partial \boldsymbol{v}_j}{\partial t} + (\boldsymbol{v}_j \cdot \nabla) \boldsymbol{v}_j = -\frac{Z_j e}{m_j} \nabla \varphi + \boldsymbol{v}_j \times \boldsymbol{\omega}_{cj} \tag{4.8}$$

由于离子运动的时间尺度远远长于电子的时间尺度，即漂移波频率远远小于离子的回旋频率，则可忽略离子的惯性项，方程（4.8）可写为：

$$0 = -\frac{Z_j e}{m_j} \nabla \varphi + \boldsymbol{v}_j \times \boldsymbol{\omega}_{cj} \tag{4.9}$$

利用 $\boldsymbol{B} \times$ 式（4.9）可得 $\boldsymbol{E} \times \boldsymbol{B}$ 漂移速度：

$$\boldsymbol{v}_E = -\nabla \varphi \times \frac{\boldsymbol{B}}{B_0^2} \tag{4.10}$$

将 $\boldsymbol{v}_E$ 代回方程（4.8）可得到：

$$\frac{\partial \boldsymbol{v}_E}{\partial t} + (\boldsymbol{v}_E \cdot \nabla) \boldsymbol{v}_E = \boldsymbol{v}_j \times \boldsymbol{\omega}_{cj} \tag{4.11}$$

再一次利用 $\boldsymbol{B} \times$ 式（4.11），可得极化漂移速度：

$$\boldsymbol{v}_p = -\frac{1}{\omega_{cj} B_0}\left[\frac{\partial}{\partial t} + (\boldsymbol{v}_E \cdot \nabla_\perp)\right]\nabla_\perp \varphi \tag{4.12}$$

方程（4.12）右边第二项为非线性极化漂移项，HM 方程的非线性主要来自于这一项。总漂移速度为：

$$\boldsymbol{v}_{j\perp} = \boldsymbol{v}_E + \boldsymbol{v}_p \tag{4.13}$$

式中，$dt = \partial t + \boldsymbol{v}_E \cdot \nabla$，为 $\boldsymbol{E} \times \boldsymbol{B}$ 漂移对应的随流导数。

离子流体的涡旋为：

$$\boldsymbol{\Omega}_j = \nabla \times \boldsymbol{v}_j \tag{4.14}$$

由方程式（4.6）、式（4.7）、式（4.14）可得：

$$\frac{\mathrm{d}}{\mathrm{d}t}(\boldsymbol{\Omega}_j + \boldsymbol{\omega}_{cj}) + (\boldsymbol{\Omega}_j + \boldsymbol{\omega}_{cj})(\nabla_\perp \cdot \boldsymbol{v}_{\perp j}) = 0 \tag{4.15}$$

式中，下标 $\perp$ 表示垂直于磁场方向 $\boldsymbol{z}$，扰动主要在 (x, y) 平面内传播，$\boldsymbol{v}_{\perp j} \gg \boldsymbol{v}_{\parallel j}$。因此 $\boldsymbol{v}_j = \boldsymbol{v}_{\perp j} + \boldsymbol{v}_{\parallel j} \approx \boldsymbol{v}_{\perp j}$，即：

$$\left|\frac{\partial v_z}{\partial z}\right| = \varepsilon |\nabla_\perp \cdot \boldsymbol{v}_\perp| \tag{4.16}$$

这个假设与漂移波的存在是一致的，即忽略离子沿磁场方向的运动，因此方程（4.6）可近似写为：

$$\nabla_\perp \cdot \boldsymbol{v}_{j\perp} = -\frac{\mathrm{d}}{\mathrm{d}t}\left(\ln n_{j0} + \frac{n_{j1}}{n_{j0}}\right) \tag{4.17}$$

将式（4.17）代入式（4.15）可得：

$$\frac{\mathrm{d}}{\mathrm{d}t}(\Omega_j + \omega_{cj}) + (\Omega_j + \omega_{cj})\left[-\frac{\mathrm{d}}{\mathrm{d}t}\left(\ln n_{j0} + \frac{n_{j1}}{n_{j0}}\right)\right] = 0 \tag{4.18}$$

合并同类项，式（4.18）可化为：

$$\frac{\mathrm{d}}{\mathrm{d}t}\frac{\Omega_j + \omega_{cj}}{\omega_{cj}} + \frac{\Omega_j + \omega_{cj}}{\omega_{cj}}\left[-\frac{\mathrm{d}}{\mathrm{d}t}\left(\ln n_{j0} + \frac{n_{j1}}{n_{j0}}\right)\right] = 0 \tag{4.19}$$

考虑到 $\varepsilon = \frac{1}{\omega_{cj}}\frac{\partial}{\partial t} : \frac{1}{k_z v_{Te}}\frac{\partial}{\partial t} : \rho_s\left|\nabla\left(\ln\frac{n_0}{B_0}\right)\right| : \frac{|\Omega|}{\omega_{cj}}$，故有：

$$\frac{\mathrm{d}}{\mathrm{d}t}\left(\frac{\Omega_j}{\omega_{cj}} + 1\right) - \frac{\mathrm{d}}{\mathrm{d}t}\left(\ln n_{j0} + \frac{n_{j1}}{n_{j0}}\right) \tag{4.20}$$

可化为：

$$\frac{\mathrm{d}}{\mathrm{d}t}\frac{\Omega_j}{\omega_{cj}} - \frac{\mathrm{d}}{\mathrm{d}t}\ln n_{j0} - \frac{\mathrm{d}}{\mathrm{d}t}\frac{n_{j1}}{n_{j0}} + \frac{\mathrm{d}}{\mathrm{d}t}\ln\omega_{cj} = 0 \tag{4.21}$$

将方程 (4.17) 代入方程 (4.15)，利用漂移近似式 (4.1)，可得到：

$$\frac{\mathrm{d}}{\mathrm{d}t}\left(\ln\frac{\omega_{cj}}{n_{j0}} + \frac{\Omega_j}{\omega_{cj}} - \frac{n_{j1}}{n_{j0}}\right) = 0 \tag{4.22}$$

涡旋 $\Omega \cdot z$ 由 $E \times B$ 引起，将 v_E 代入式 (4.14) 可得：

$$\Omega = (\nabla \times v_\perp) \cdot z = \nabla \times \left(-\frac{\nabla\varphi \times z}{B_0}\right) \cdot z = \frac{1}{B_0}\nabla \times (z \times \nabla\varphi) \cdot z \tag{4.23}$$

又由于：

$$\nabla \times (z \times \nabla\varphi) = z(\nabla \cdot \nabla\varphi) - \frac{\partial}{\partial z}\nabla\phi = (\nabla^2\varphi)z \tag{4.24}$$

因此有：

$$\Omega = \frac{1}{B_0}(\nabla^2\varphi)z \cdot z \tag{4.25}$$

因为 $z \cdot z = 1$，故有：

$$\Omega = \frac{1}{B_0}(\nabla^2\varphi) \tag{4.26}$$

注意：$\frac{\partial}{\partial z}(-\nabla\varphi) = \frac{\partial E}{\partial z} = 0$，$v_\perp = v_{E \times B} = \left(-\frac{\nabla\varphi \times z}{B_0}\right)$。

$E \times B$ 漂移对应的随流导数：

$$\frac{\mathrm{d}}{\mathrm{d}t} = \frac{\partial}{\partial t} - \frac{\nabla\varphi \times z}{B_0} \cdot \nabla \tag{4.27}$$

方程式 (4.22)、式 (4.26)、式 (4.27) 构成关于静电势 φ 的闭合方程组，可得：

$$\frac{\mathrm{d}}{\mathrm{d}t}\left(\ln\frac{\omega_{cj}}{n_{j0}} + \frac{1}{\omega_{cj}B_0}\nabla^2\varphi - \frac{n_{j1}}{n_{j0}}\right) = 0 \tag{4.28}$$

或

$$\frac{\partial}{\partial t}\left(\frac{1}{\omega_{cj}B_0}\nabla^2\varphi - \frac{n_{j1}}{n_{j0}}\right) - \frac{\nabla\varphi \times z}{B_0} \cdot \nabla\left(\ln\frac{\omega_{cj}}{n_{j0}} + \frac{1}{\omega_{cj}B_0}\nabla^2\varphi - \frac{n_{j1}}{n_{j0}}\right) = 0 \tag{4.29}$$

对 j 离子同乘 $Z_j n_{j0}$，可得：

$$\frac{\partial}{\partial t}\left(\frac{Z_j n_{j0}}{\omega_{cj}B_0}\nabla^2\varphi - Z_j n_{j1}\right) - \frac{\nabla\varphi \times z}{B_0} \cdot Z_j n_{j0}\nabla\left(\ln\frac{\omega_{cj}}{n_{j0}} + \frac{1}{\omega_{cj}B_0}\nabla^2\varphi - \frac{n_{j1}}{n_{j0}}\right) = 0 \tag{4.30}$$

又由 $\rho_{sj} |\nabla\ln n_{j0}| \sim O(\varepsilon)$，则：

$$n_{j0}\nabla\frac{n_{j1}}{n_{j0}} = \nabla n_{j1} - n_{j1}\nabla\ln n_{j0} \approx \nabla n_{j1} \tag{4.31}$$

方程（4.30）可写为：

$$\frac{\partial}{\partial t}\left(\frac{Z_j n_{j0}}{\omega_{cj} B_0} \nabla^2 \varphi - Z_j n_{j1}\right) - \frac{\nabla \varphi \times z}{B_0} \cdot \left(-\nabla Z_j n_{j0} + \frac{Z_j n_{j0}}{\omega_{cj} B_0} \nabla \nabla^2 \varphi - \nabla Z_j n_{j1}\right) = 0$$

（4.32）

对 a 离子有：

$$\frac{\partial}{\partial t}\left(\frac{Z_a n_{a0}}{\omega_{ca} B_0} \nabla^2 \varphi - Z_a n_{a1}\right) - \frac{\nabla \varphi \times z}{B_0} \cdot \left(-\nabla Z_a n_{a0} + \frac{Z_a n_{a0}}{\omega_{ca} B_0} \nabla \nabla^2 \varphi - \nabla Z_a n_{a1}\right) = 0$$

（4.33）

对 b 离子有：

$$\frac{\partial}{\partial t}\left(\frac{Z_b n_{b0}}{\omega_{cb} B_0} \nabla^2 \varphi - Z_b n_{b1}\right) - \frac{\nabla \varphi \times z}{B_0} \cdot \left(-\nabla Z_b n_{b0} + \frac{Z_b n_{b0}}{\omega_{cb} B_0} \nabla \nabla^2 \varphi - \nabla Z_b n_{b1}\right) = 0$$

（4.34）

由准中性条件：

$$Z_a n_a + Z_b n_b - n_e = 0 \tag{4.35}$$

则平衡时的准中性条件可表示为：

$$Z_a n_a + Z_b n_b - n_e = 0$$

$$Z_a n_{a0} + Z_b n_{b0} - n_{e0} = 0$$

$$Z_a n_{a1} + Z_b n_{b1} - n_{e1} = 0$$

$$\frac{Z_a n_{a1} + Z_b n_{b1}}{n_{e0}} = \frac{n_{e1}}{n_{e0}} = \frac{e\varphi}{T_e} \tag{4.36}$$

在低 β 等离子体中，沿磁场方向的不均匀性相对于等离体密度非常小，假设平衡状态下粒子在空间分布变化很小，则扰动波长必须遵守：

$$\lambda = \left|\frac{\nabla n_{a0}}{n_{a0}}\right| \left|\frac{\nabla n_{b0}}{n_{b0}}\right| \left|\frac{\nabla n_{e0}}{n_{e0}}\right| \tag{4.37}$$

由于：

$$n_{a0} \nabla \frac{n_{a1}}{n_{a0}} = n_{a0}\left(\frac{1}{n_{a0}} \nabla n_{a1} + n_{a1} \nabla \frac{1}{n_{a0}}\right) \tag{4.38}$$

$$n_{a1} \nabla \frac{1}{n_{a0}} = n_{a1}\left(-\frac{1}{n_{a0}^2}\right) \nabla n_{a0} \tag{4.39}$$

故有：

$$n_{a0} \nabla \frac{n_{a1}}{n_{a0}} \approx \nabla n_{a1} \tag{4.40}$$

电子沿磁场方向是绝热的，也就是说，电子沿磁场方向可以迅速移动，因此电子分布遵守玻耳兹曼定律：

$$\frac{n_e}{n_{e0}} = \exp\left(\frac{e\varphi}{T_e}\right) \tag{4.41}$$

对式（4.41）作 Taylor 展开：

$$\frac{n_e}{n_{e0}} \sim 1 + \frac{e\varphi}{T_e} \tag{4.42}$$

则一阶准中性条件可表示为：

$$\frac{Z_a n_{a1} + Z_b n_{b1}}{n_{e0}} = \frac{n_{e1}}{n_{e0}} \sim \frac{e\varphi}{T_e} \tag{4.43}$$

方程式（4.33）、式（4.34）相加可得：

$$\frac{\partial}{\partial t}\left[\frac{1}{B_0}\left(\frac{Z_a n_{a0}}{\omega_{ca}} + \frac{Z_b n_{b0}}{\omega_{cb}}\right)\nabla^2\varphi - n_{e0}\frac{e}{T_e}\varphi\right] -$$

$$\frac{\nabla\varphi \times z}{B_0} \cdot \left[-\nabla n_{e0} + \frac{1}{B_0}\left(\frac{Z_a n_{a0}}{\omega_{ca}} + \frac{Z_b n_{b0}}{\omega_{cb}}\right)\nabla\nabla^2\varphi - \nabla\left(n_{e0}\frac{e\varphi}{T_e}\right)\right] = 0$$

$$\tag{4.44}$$

第二个括号中第三项相对另外两项为小量，故可忽略，则方程（4.44）可表示为：

$$\frac{\partial}{\partial t}\left[\frac{1}{B_0}\left(\frac{Z_a n_{a0}}{\omega_{ca}} + \frac{Z_b n_{b0}}{\omega_{cb}}\right)\nabla^2\varphi - \frac{n_{e0}e}{T_e}\varphi\right] +$$

$$\frac{\nabla\varphi \times z}{B_0} \cdot \left[\nabla n_{e0} - \frac{1}{B_0}\left(\frac{Z_a n_{a0}}{\omega_{ca}} + \frac{Z_b n_{b0}}{\omega_{cb}}\right)\nabla\nabla^2\varphi\right] = 0 \tag{4.45}$$

方程式（4.45）中第一个括号中第一项正比于流体涡旋 $\nabla \times \boldsymbol{v}_E$，来自于两种离子的极化漂移，第二项来自平衡热电子。第二个括号中第一项来自于等离子体的密度分布不均匀，并将产生一个压力驱动漂移波，第二项来自于极化漂移，该项为非线性项[109]。从方程（4.45）可以看出，两离子系统中，漂移波与两离子的电荷量无关，这是因为 $\boldsymbol{E} \times \boldsymbol{B}$ 漂移与电荷无关，这表明两离子流的有效电荷数为 $Z_{eff} = +1$。

可以引进如下的归一化条件：

$$\omega_{eff}t \to t, \quad \frac{x}{\rho_{s,\,eff}} \to x, \quad \frac{e\varphi}{T_e} \to \varphi, \quad \rho_{s,\,eff}^2 \to \frac{T_e}{m_{eff}}\frac{1}{\omega_{eff}^2}, \quad \omega_{eff} \to \frac{eB_0}{m_{eff}}, \quad m_{eff} \to \frac{m_a n_{a0} + m_b n_{b0}}{n_{e0}} \tag{4.46}$$

$$\frac{\partial}{\partial t}\left[\frac{1}{B_0}\left(\frac{Z_a n_{a0}}{\omega_{ca}} + \frac{Z_b n_{b0}}{\omega_{cb}}\right)\nabla^2\varphi - n_{e0}\frac{e}{T_e}\varphi\right] - \frac{\nabla\varphi \times z}{B_0} \cdot \left[-\nabla n_{e0} + \frac{1}{B_0}\left(\frac{Z_a n_{a0}}{\omega_{ca}} + \frac{Z_b n_{b0}}{\omega_{cb}}\right)\nabla\nabla^2\varphi\right] = 0 \tag{4.47}$$

$$\frac{\partial}{\frac{\partial\ t'}{\omega_{\text{ceff}}}}\left[\frac{1}{B_0}\left(\frac{Z_{\text{a}}n_{\text{a}0}}{\omega_{\text{ca}}}+\frac{Z_{\text{b}}n_{\text{b}0}}{\omega_{\text{cb}}}\right)\frac{1}{\rho_{\text{seff}}^2}\nabla^2\frac{T_{\text{e}}\varphi'}{e}-n_{\text{e}0}\frac{e}{T_{\text{e}}}\frac{T_{\text{e}}\varphi'}{e}\right]-\frac{\frac{1}{\rho_{\text{seff}}}\nabla\frac{T_{\text{e}}\varphi'}{e}\times z}{B_0}\cdot$$

$$\left[-\frac{1}{\rho_{\text{seff}}}\nabla n_{\text{e}0}+\frac{1}{B_0}\left(\frac{Z_{\text{a}}n_{\text{a}0}}{\omega_{\text{ca}}}+\frac{Z_{\text{b}}n_{\text{b}0}}{\omega_{\text{cb}}}\right)\frac{1}{\rho_{\text{seff}}}\nabla\frac{1}{\rho_{\text{seff}}^2}\nabla^2\frac{T_{\text{e}}\varphi'}{e}\right]=0 \qquad(4.48)$$

$$\frac{\partial}{\partial t'}\left(\frac{m_{\text{a}}n_{\text{a}0}+m_{\text{b}}n_{\text{b}0}}{m_{\text{eff}}}\nabla^2\varphi'-n_{\text{e}0}\varphi'\right)-\nabla\varphi'\times z\cdot\left(-\nabla n_{\text{e}0}+\frac{m_{\text{a}}n_{\text{a}0}+m_{\text{b}}n_{\text{b}0}}{m_{\text{eff}}}\nabla\nabla^2\varphi'\right)=0$$

$$(4.49)$$

式中，下标 eff 表示等效离子，可得到如下演化方程：

$$\frac{\partial}{\partial t}(\nabla^2\varphi-\varphi)-\nabla\varphi\times z\cdot\nabla(\nabla^2\varphi-\ln n_{\text{e}0})=0 \qquad(4.50)$$

或

$$\frac{\partial}{\partial t}(\nabla^2\varphi-\varphi)+\frac{1}{L_{\text{n}}}\frac{\partial\varphi}{\partial y}-(\nabla\varphi\times z)\cdot\nabla\nabla^2\varphi=0 \qquad(4.51)$$

式中，$L_{\text{n}}=n_{\text{e}0}/\nabla n_{\text{e}0}$，该方程称为两离子系统的等效 HM 方程，可用来描述两离子等离子体中漂移波、漂移波相互作用和漂移波湍流。

由归一化条件（4.46），可以看出两种离子进入了该方程，可等效于一种有效离子，该离子质量为 m_{eff}，电荷量为 $Z_{\text{eff}}=+1$。即两离子等离子体系统中的漂移波及其湍流可等效于一种有效离子-电子两成分等离子体系统中的漂移波及其湍流。但是，该等效等离子体系统中漂移波的时空特征长度发生了变化，且与两种离子的数密度与质量有关。因此，在空间等离子体及聚变装置中，杂质离子的进入，会对漂移波湍流产生影响，特别是改变漂移波湍流的时空特征长度，进而可能影响漂移波湍动的级联的动力学特性。

为深入研究这一点，比较原 HM 方程与两离子等效 HM 方程的特征长度，比如，两个等离子体系统，本底离子为 H^+，杂质离子分别为 C^{6+} 和 W^{2+}，数密度比分别为：$n_{\text{H}}:n_{\text{C}}=20:1$，$n_{\text{H}}:n_{\text{W}}=20:1$[107]。由方程（4.46）可知，含杂质 C^{6+} 的等离子体系统，其漂移波的时空特征长度分别为 $0.81\omega_{\text{ci}}$、$1.1\rho_{\text{si}}$，含杂质 W^{2+} 的时空特征长度为 $0.11\omega_{\text{ci}}$ 和 $3\rho_{\text{si}}$，其中 ω_{ci} 和 ρ_{si} 为 H^+ 的回旋频率与半径。由此可以看出，少量杂质的出现会显著改变漂移波湍流的时空特征长度。方程（4.50）与单离子的 HM 方程形式上相同。然而，考虑到模模耦合与湍流，HM 方程可看作是一种扰动，从物理上来看，两成分与三成分等离子体的不同主要在于时空特征尺度。这种时空尺度的不同，也就相当于引入完全不同频率和波长尺度波，对于漂移波的湍动级联至关重要。

两离子等效 HM 方程对应的色散关系为：

$$\omega = -\frac{\boldsymbol{k} \times \boldsymbol{z} \cdot \nabla \ln n_{e0}}{1 + k^2} = -\frac{k_y \nabla \ln n_{e0}}{1 + k^2} \tag{4.52}$$

这与原 HM 方程相同，是一个实数，表明漂移波任何振幅的变化是由非线性作用引起的。

4.3 两离子 HM 方程的线性局域色散关系

为研究杂质离子对漂移波的影响，对方程（4.45）作如下归一化：

$$\omega_{ca}t \rightarrow t, \; \frac{x}{\rho_{s,a}} \rightarrow x, \; \frac{e\varphi}{T_e} \rightarrow \varphi, \; \frac{n_{a0}}{n_{e0}} \rightarrow n_{a0}, \; \frac{n_{b0}}{n_{e0}} \rightarrow n_{b0}, \; \omega_{ca} \rightarrow \frac{Z_a e B_0}{m_a}, \; \rho_{s,a}^2 \rightarrow \frac{T_e}{m_a} \frac{1}{\omega_{ca}^2}$$

$$\tag{4.53}$$

方程（4.45）可化为：

$$\frac{\partial}{\partial t}\left[Z_a\left(n_{a0} + \frac{m_b}{m_a}n_{b0} \right)\nabla^2\varphi - \varphi \right] - \nabla\varphi \times \boldsymbol{z} \cdot \left[-\nabla\ln n_{e0} + Z_a\left(n_{a0} + \frac{m_b}{m_a}n_{b0} \right)\nabla\nabla^2\varphi \right] = 0$$

$$\tag{4.54}$$

对方程（4.54）线性化，即：$\varphi = \varphi_k \exp(\mathrm{i}\boldsymbol{k} \cdot \boldsymbol{x} - \omega t)$，可得：

$$\omega\left[Z_a\left(n_{a0} + \frac{m_b}{m_a}n_{b0} \right)k^2 + 1 \right] + k_y \nabla\ln n_{e0} = 0 \tag{4.55}$$

漂移波频率为：

$$\omega = -\frac{k_y \nabla\ln n_{e0}}{Z_a\left(n_{a0} + \dfrac{m_b}{m_a}n_{b0} \right)k^2 + 1} \tag{4.56}$$

考虑等离子体系统中包含两种离子，即 a 本底氢离子 H^+，b 杂质离子 C^{6+}，$m_b : m_a = 12$，$Z_a = 1$，$Z_b = 6$，碳离子与电子数密度比为：$\varepsilon = n_C/n_{e0}$，则式（4.56）可化简为：

$$\omega = \frac{\kappa k_y}{(1 + 6\varepsilon)k^2 + 1} \tag{4.57}$$

式中，$\kappa = -\nabla\ln n_{e0}$，称为离子的密度梯度。

由方程（4.57）可以看出，无碰撞两离子等离子体系统中漂移波的频率为实数，这表明，漂移波是稳定的，能在等离子体中传播，不会产生任何的输运。等离子体的压力梯度驱动电势的涨落，其频率与密度梯度 κ、杂质（只考虑杂质离子浓度）和波数有关，下面研究上述因素的影响。

4.3.1 频率 ω 与波数（k_x，k_y）的关系

由图 4.2（a）可以看出，在 $k_y = 1$ 附近出现最大振荡频率，随着波数增大，

该模式频率减小。由图 4.2（b）可以看出，$k_x = 0$ 处出现最大频率，随着 k_x 的增大，漂移波频率单调递减，而 k_y 先增大，到达 $k_y \approx 1$，模振荡频率最大，这与图 4.2（a）得出的结果是一致的。故模 $k_x = 0$，$k_y = 1$ 振荡频率最大。

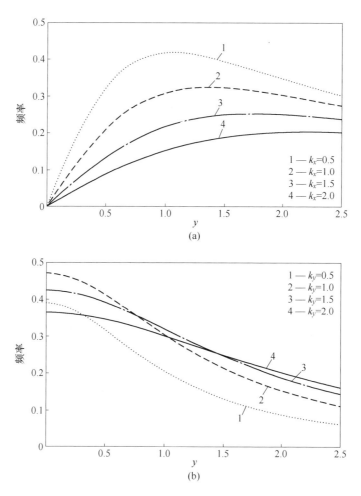

图 4.2 频率 ω 与波数（k_x，k_y）的关系（$\varepsilon = 0.02$，$\kappa = 1$）

4.3.2 频率 ω 与离子密度梯度 κ 的关系

由图 4.3 可以看出，离子密度梯度越大，漂移波振荡频率就越大。由前面的分析可以知道，漂移波由等离子体的密度梯度驱动，密度梯度越大，漂移波的频率也越大，对应模式漂移在小波数区间的相速度也越大。

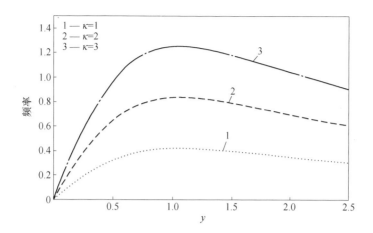

图 4.3 频率 ω 与离子密度梯度的关系（$k_x = 0.5$，$\varepsilon = 0.02$）

4.3.3 频率 ω 与杂质数密度 ε 的关系

由图 4.4 可以看出，小波数区间，杂质数密度对漂移频率的影响有限，但在相对于较大的波数模式，随着杂质浓度的增加，振荡频率会微弱减小，即杂质浓度的增加会导致漂移波相速减小。

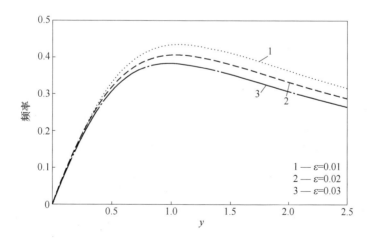

图 4.4 频率 ω 与杂质的数密度的关系（$k_x = 0.5$，$\kappa = 1$）

从图 4.5 可以看出频率 ω 与密度梯度和杂质的关系，漂移波的振荡频率随着杂质浓度的增加而减小，随着密度梯度的增加而增大。

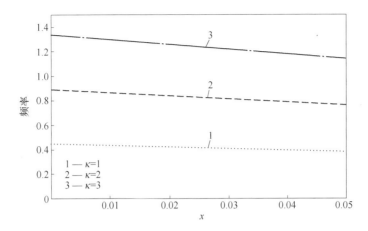

图 4.5 频率 ω 与密度梯度和杂质的关系（$k_x = 0.5$，$k_y = 1$）

4.4 两离子系统中的湍动级联

接下来讨论两离子等离子体系统中漂移波经三波耦合引起的湍动级联，为简化起见，将扰动电势在傅里叶空间展开：

$$\varphi(x, t) = \frac{1}{2} \sum_k \left[\varphi_k(t) e^{-i\omega_k t + i\mathbf{k} \cdot \mathbf{x}} + c.c. \right] \tag{4.58}$$

式中 $\varphi_k(t)$ ——傅里叶空间的模。

由于非线性相互作用其随时间的变化远小于 ω_k，$c.c.$ 指对应的复共轭数。将方程（4.58）代入方程（4.50）可得到一系列模的耦合方程：

$$\dot{\varphi}_R + i\omega_k \varphi_k = \sum_{k_1 + k_2 + k_3 = 0} V_{k_2, k_3}^{k_1} \varphi_{k_2}^* \varphi_{k_3}^* \tag{4.59}$$

这里只包含了三波相互作用（小振幅波起主导作用），波的频率与波数要满足三波相互作用的共振条件：$\omega_{k_1} + \omega_{k_2} + \omega_{k_3} = 0$ 和 $\mathbf{k}_1 + \mathbf{k}_2 + \mathbf{k}_3 = 0$，前者表示系统能量守恒，后者表示动量守恒。耦合系数 $V_{k_2, k_3}^{k_1}$ 可表示为：

$$V_{k_2, k_3}^{k_1} = \frac{1}{1 + k_1^2} (\mathbf{k}_2 \times \mathbf{k}_3) \cdot \mathbf{z} (k_3^2 - k_2^2) \tag{4.60}$$

因此，方程（4.59）可写为：

$$\dot{\varphi}_1 + i\omega_1 \varphi_1 = V_{2,3}^1 \varphi_2^* \varphi_3^* \tag{4.61}$$

$$\dot{\varphi}_2 + i\omega_2 \varphi_2 = V_{3,1}^2 \varphi_3^* \varphi_1^* \tag{4.62}$$

$$\dot{\varphi}_3 + i\omega_3 \varphi_3 = V_{1,2}^3 \varphi_1^* \varphi_2^* \tag{4.63}$$

为简化起见，表示方法上做如下处理：$\varphi_j(t) \equiv \varphi_{k_j}(t)$，$\omega_j = \omega_{k_j}(j = 1, 2, 3$ 为三种模）。为不失一般性，可作如下假设：

$$k_1 \leq k_2 \leq k_3 \tag{4.64}$$

其中 $k_j \equiv |\boldsymbol{k}_j|$，可假设模 2 的振幅远大于模 1，3（$|\varphi_2| \gg |\varphi_1|$，$|\varphi_3|$），即 φ_2 为泵波（pump 波），振幅不变（即 $\varphi_2 = A_2\exp(-\mathrm{i}\omega_2 t)$，其中 $A_2 = \mathrm{const.}$），可激发 φ_1、φ_3（daughter 波），研究能量在三波之间的转移。对方程组式（4.61）~式（4.63）线性化可得到耦合方程：

$$A_1 = V_{2,3}^1 A_2^* A_3^* \, \mathrm{e}^{\mathrm{i}\theta t} \tag{4.65}$$

$$A_3 = V_{1,2}^3 A_1^* A_2^* \, \mathrm{e}^{\mathrm{i}\theta t} \tag{4.66}$$

式中，$\varphi_j = A_j(t)\exp(-\mathrm{i}\omega_j t)$，$j = 1$，3，$\theta = \omega_1 + \omega_2 + \omega_3$ 为失谐频率，通常很小。由方程（4.65）和式（4.66）可得到 daughter 波的振幅演化方程：

$$A_3 - \mathrm{i}\theta A_3 - V_{2,3}^1 V_{1,2}^3 |A_2|^2 A_3 = 0 \tag{4.67}$$

因此，模 1，3 的不稳定性（A_1，A_3 的指数增长率）取决于式（4.68）：

$$\Delta = 4(\Lambda_{2,3}^1 \Lambda_{1,2}^3 |A_2|^2) - \theta^2 \tag{4.68}$$

模 3 的振幅增长率为：

$$\gamma = \left(V_{2,3}^1 V_{1,2}^3 |A_2|^2 - \frac{1}{4}\theta^2 \right)^{1/2} \tag{4.69}$$

式中，$\theta \to 0$，由式（4.70）可以看出，系统不稳定性（daughter 波是否增长）完全取决于 $V_{2,3}^1 V_{1,2}^3$。由式（4.60）可得：

$$V_{2,3}^1 V_{1,2}^3 = \frac{(\boldsymbol{k}_2 \times \boldsymbol{k}_3) \cdot z (\boldsymbol{k}_1 \times \boldsymbol{k}_2) \cdot z}{(1 + k_1^2)(1 + k_3^2)} (k_2^2 - k_3^2)(k_1^2 - k_2^2) \tag{4.70}$$

由图 4.6 可知，$(\boldsymbol{k}_2 \times \boldsymbol{k}_3) \cdot z$ 和 $(\boldsymbol{k}_1 \times \boldsymbol{k}_2) \cdot z$（不为 0）同号，又由于式（4.64），$k_2^2 - k_3^2$ 和 $k_1^2 - k_2^2$ 均为负或 0，因此，$V_{2,3}^1 V_{1,2}^3 \geq 0$，则系统不稳定，$\varphi_1$、$\varphi_3$ 振幅增大，模 1 和模 3 从模 2 中吸收能量。另一方面，如果模 1 或模 3 为大振幅（泵波），可得到 $V_{3,1}^2 V_{1,2}^3 \leq 0$ 或 $V_{3,1}^2 V_{2,3}^1 \leq 0$，系统是稳定的。其他两个模不会增长，即激起不了另两个 daughter 波，因此，系统间没有能量转移。

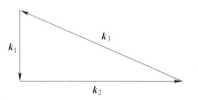

图 4.6　$k_1 < k_2 < k_3$ 条件下的波矢耦合图

　　因此可以得到，模式级联是通过一个模式激发一个波数更大和波数更小的模来发生。为证明这一点，考虑对应波量子守恒，定义其中任一模的量子数为[96]：

$$n_p = (1 + k_p^2) |\varphi_p|^2 / (k_q^2 - k_r^2), \quad k_q^2 \neq k_r^2 \tag{4.71}$$

由方程式（4.61）~式（4.63），可得到：

$$n_3 + n_1 = \mathrm{const.}, \quad n_2 + n_3 = \mathrm{const.}, \quad n_1 + n_2 = \mathrm{const.} \tag{4.72}$$

从中可以看出，n_2 损失一个波量子会导致 n_1 和 n_3 得到各一个波量子，正如以上所说，对小波数（$k^2 \ll 1$）共振相互作用主导衰减过程，因此可得：

$$k_q^2 - k_r^2 = k_{qy}/\omega_q - k_{ry}/\omega_r = \omega_p Q \tag{4.73}$$

其中：

$$Q = (3\omega_p \omega_q \omega_r)^{-1} [\omega_p(k_{ry} - k_{qy}) + \omega_q(k_{py} - k_{ry}) + \omega_r(k_{qy} - k_{py})] \tag{4.74}$$

k_y 为波数 $\boldsymbol{k}$ 沿 $\boldsymbol{z} \times \nabla \ln n_0$ 方向的分量。由方程式（4.71）和式（4.73），可得：

$$\omega_p \propto W_p/n_p \tag{4.75}$$

因此，对于小波数模，能量由最高的频率流向更低的频率转移。k 模的能量 W_k 为：

$$W_k = |\varphi_k|^2 (1 + k^2) \tag{4.76}$$

由方程式（4.71）、式（4.72）和式（4.76）可得到模 1 和模 3 的增益 $\Delta W_{1,3}$：

$$\Delta W_1 = \frac{k_3^2 - k_2^2}{k_3^2 - k_1^2}, \quad \Delta W_3 = \frac{k_2^2 - k_1^2}{k_3^2 - k_1^2} \tag{4.77}$$

其和等于模 2 的损失。为简化，假设衰减最大，即 $V_{2,3}^1 V_{1,2}^3$ 最大，考虑波数关系（图 3.6）可得：

$$k_3^2 = k_1^2 + k_2^2 \tag{4.78}$$

代入方程（4.70）可得：

$$V = \frac{k_1^4 k_2^2 (k_2^2 - k_1^2)}{(1 + k_1^2)(1 + k_1^2 + k_2^2)} \tag{4.79}$$

取 V 极值，令 $\partial V/\partial k_1 = 0$，可得到：

$$(2k_2^2 - 3k_1^2)(1 + k_1^2)(1 + k_1^2 + k_2^2) = k_1^2(k_2^2 - k_1^2)(2 + 2k_1^2 + k_2^2) \tag{4.80}$$

由漂移波的长波长近似，可令 $k_2 \ll 1$，则 k_1，k_2 有如下关系：

$$k_1^2 = \frac{2}{3}k_2^2 \tag{4.81}$$

同理，令 $\partial V/\partial k_3 = 0$ 可得：

$$2(2k_2^2 - k_3^2)[1 - (k_3^2 - k_2^2)] = k_3^2 - k_2^2 \tag{4.82}$$

则 k_2，k_3 有如下关系：

$$k_3^2 = \frac{5}{3}k_2^2 \tag{4.83}$$

级联过程如图 4.7 和图 4.8 所示，第一步，模 k_2 会衰减并产生两个模 k_1 和 k_3。第二步，模 k_1 衰减并产生两个模 $\frac{2}{3}k_2$ 和 $\frac{\sqrt{10}}{3}k_2$，模 k_3 衰减并产生两个模 $\frac{\sqrt{10}}{3}k_2$ 和 $\frac{5}{3}k_2$，对应的能量转移可由方程（4.77）给出，可得到模 $\frac{4}{9}k_2^2$、$\frac{10}{9}k_2^2$、$\frac{25}{9}k_2^2$ 吸取的能量分别为 $\frac{4}{9}\Delta W_2$、$\frac{4}{9}\Delta W_2$、$\frac{1}{9}\Delta W_2$。第三步，以上模衰减并产生模 $\frac{8}{27}k_2$、$\frac{20}{27}k_2$、

$\frac{50}{27}k_2$ 和 $\frac{125}{27}k_2$，对应的能量分别为 $\frac{8}{27}\Delta W_2$、$\frac{12}{27}\Delta W_2$、$\frac{6}{27}\Delta W_2$、$\frac{1}{27}\Delta W_2$。

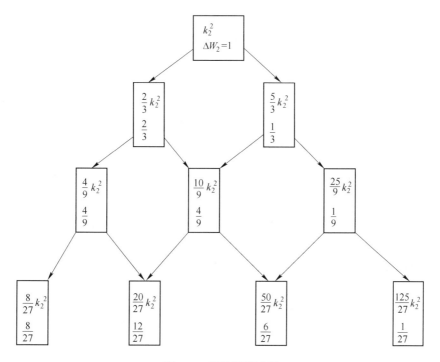

图 4.7 能量级联过程

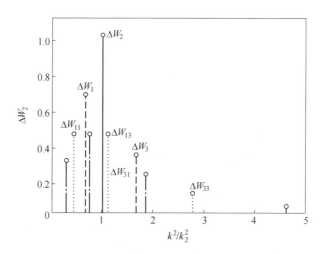

图 4.8 能量级联

（能量由模 k_2 向 k_1 和 k_1 级联，等。每一步激发模的能量由纵坐标给出，

水平轴对应的为归一化波矢 k^2/k_2^2，为简化起见，只给出三个级联过程，但整个的谱分布清晰可见）

4.5   本章小结

本章得到了一个两离子等离子体中描述漂移波湍流的非线性演化方程。结果表明，小振幅的两离子 HM 方程可等效成单离子 HM 方程的形式。然而，时空特征长度与引入的第二种离子的质量与电荷量有关，会发生显著变化。通过研究其线性局域关系，结果表明该漂移波是稳定的，不会有输运的发生。在波数区间 $k_x=0$，$k_y=1$ 附近，漂移波振荡频率最大，且该频率随着杂质浓度的增加而减小，随着等离子体密度梯度的增加而增大。在湍动级联过程中，能流的方向取决于波数区间。对于小波数区间，共振三波相互作用主导衰减过程，衰减由最高频率模至更低频率模。在最大的增长率情况下，得到了级联谱，由此可以清楚的看到能流的方向。

如在两离子系统中，a 离子电荷数与质量数分别为 z_a、m_a，b 离子电荷数与质量数分别为 z_b、m_b，比较两种离子的特征长度，a 离子为氢离子，b 离子为铜离子。$B_0=3\mathrm{T}$，$T_e=1\mathrm{keV}$，$n_e=2\times10^{13}\mathrm{cm}^{-3}$，$L_n=20\mathrm{cm}$，$n_{H^+}:n_{C^{6+}}=2:1$，则两离子系统时空特征长度见表 4.1。

表 4.1   系统时空特征长度

参数	One ion H-M，仅 H$^+$	Two ions H-M，含 H$^+$, C^{6+}
m_{eff}	m_i	$\dfrac{7}{4}m_i$
ω_{ceff}	ω_{ci}	$\dfrac{4}{7}\omega_{ci}$
ρ_{seff}	ρ_{si}	$\dfrac{\sqrt{7}}{2}\rho_{si}$

5 尘埃等离子体中漂移波湍流的杂质效应

5.1 引言

HM 方程已经成为研究磁化电子−离子等离子体中非线性静电漂移波及其相互作用和漂移波湍流的经典范式[110-117]。HM 方程对于两成分等离子体有效且满足慢变场（$\partial_t \ll \omega_{ci}$，其中 ω_{ci} 为离子回旋频率），同时也忽略动力学 Landau 阻尼和热离子效应[108,110]。另一方面，尘埃等离子体存在于地球电离层、太阳日冕层、许多实验和工业上、Tokamak 和箍缩装置中，等离子体中包含了负的带电尘埃颗粒，它们所带电荷量、质量和大小不均匀[118-121]。特别是在 Tokamak 等离子体边缘，存在很多种杂质离子，如 C、He、Mo、W 等，以及微米到纳米大小的尘埃颗粒，如硼、碳以及一些金属（Fe、Ni、Cr、Mo）等等，这些杂质离子与颗粒会严重威胁聚变装置的安全运行[122,123]。

带电尘埃和杂质离子的存在，无论是考虑其动力学特性或只是作为背景尘埃修正平衡时的准中性条件，强烈影响等离子体的特性，如出现新的模式和不稳定性。对时空特征长度进行重新定标[124-132]，这将改变湍流及其产生的输运特性[31,32,133]。因此，研究包含磁化尘埃和非磁化尘埃等离子体的特性，给出对应的尘埃定标效应具有重要的意义。

本章研究低频、长波长、平行强磁场方向相速度小的静电漂移波。位于低 β 均匀磁场中，该漂移波沿垂直密度梯度方向传播，低频率指的是漂移波频率远远小于离子的回旋频率，长波长表示漂移波波长在垂直于磁场方向的分量远大于离子的回旋半径 ρ_i，低相速度指的是相速度 ω / k_z 满足：v_{td}，$v_{ti} = v_{ph} = v_{te}$，其中 v_{id}、v_{ti} 和 v_{te} 分别为尘埃、离子和电子的热速度，k_z 为波矢沿磁场方向 z 的分量。背景磁场可表示为 $\boldsymbol{B} = B_0 \boldsymbol{z}$，等离子体不均匀，密度为 $n_{j0}(x)$（$j = i$, d, e，其中下标 i、d、e 表示离子、尘埃颗粒和电子，下标 0 表示平衡量）。带电尘埃的存在将会修正等离子体的准中性条件 $n_{e0} = Z_i n_{i0} - Z_d n_{d0}$，其中 n_{j0} 为平衡时第 j 种粒子的数密度，Z_j 为所带的对应电荷数。本章研究尘埃颗粒对漂移波的动力学效应的影响，为简化问题，所有的尘埃颗粒均看作是质量均匀且带电荷量相同。电子沿磁场移动迅速，容易维持热平衡，因此遵守玻耳兹曼分布[108]。离子和尘埃近似垂直 $B_0 \boldsymbol{z}$ 方向运动且可以看作冷离子冷尘埃[110]。因此可引入如下小量 ε[18,110]：

$$\varepsilon = \omega_{cj}^{-1} \partial t \rho_{sj} \mid \nabla \ln(n_{j0}/B_0) \mid \tag{5.1}$$

式中 ρ_{sj}——对应离子的回旋半径，$\rho_{sj} = \sqrt{Z_j T_e / m_j \omega_{cj}^2}$ ；

   ω_{cj}——对应回旋频率，$\omega_{cj} = Z_j e B_0 / m_j$ ；

Z_j，m_j——分别为 $j(=i, d)$ 粒子的电荷数与质量数；

   T_e——电子温度，局域密度梯度沿 x 方向。

本章分别研究描述磁化尘埃和非磁化尘埃等离子体中漂移波湍流的方程，讨论两种尘埃对该方程时空特征长度的影响，研究结果有助于解释磁约束和空间等离子体中尘埃对于低频漂移波的定标效应。

5.2   磁化尘埃修正的 HM 方程

本节考虑尘埃的动力学特性，离子与尘埃的动量方程可表示为：

$$\frac{d}{dt} \boldsymbol{v}_j = m Z_j e / m_j \nabla \phi \ \pm \boldsymbol{v}_j \times \omega_{cj} \boldsymbol{z} \tag{5.2}$$

离子与尘埃的连续性方程可表示为：

$$\frac{\partial}{\partial t} n_j + \nabla \cdot (n_j \boldsymbol{v}_j) = 0 \tag{5.3}$$

式中 $\dfrac{d}{dt}$——随流导数，$\dfrac{d}{dt} = \dfrac{\partial}{\partial t} + \boldsymbol{v}_E \cdot \nabla$；

   $\boldsymbol{v}_E$——$\boldsymbol{E} \times \boldsymbol{B}$ 漂移，漂移速度为 $\boldsymbol{v}_E = \boldsymbol{E} \times \boldsymbol{z}/B_0$；

   $\boldsymbol{z}$——沿 z 轴方向的单位矢量；

   上（下）符号代表离子（尘埃）；

$\boldsymbol{v}_j$，n_j——第 $j(=i, d)$ 种粒子的流体速度和数密度；

   ∇——沿 x 方向的微分算符；

   t——时间变量。

忽略离子沿 $B_0 \boldsymbol{z}$ 方向的惯性，方程（5.3）可表示为：

$$\frac{d}{dt} \ln n_j + \nabla \cdot \boldsymbol{v}_{j\perp} = 0 \tag{5.4}$$

式中，下标 $\perp$ 表示垂直 z 方向。

j 离子垂直磁场方向漂移速度为：

$$\boldsymbol{v}_{j\perp} = \boldsymbol{v}_E + \boldsymbol{v}_p \tag{5.5}$$

式中 $\boldsymbol{v}_p$——漂移极化速度，可表示为：

$$\boldsymbol{v}_p = -\left(\frac{\partial}{\partial t} + \boldsymbol{v}_E \cdot \nabla \right) \nabla \varphi / \omega_{cj} B_0 \tag{5.6}$$

方程（5.6）第二项为非线性极化漂移，HM 方程的非线性主要来自这一项。流体的涡旋为 $\boldsymbol{\Omega}_j (= \nabla \times \boldsymbol{v}_j)$。由方程式（5.2）和式（5.4）可得：

$$\mathrm{d}t(\mathit{\Omega}_j \pm \omega_{cj}) + (\mathit{\Omega}_j \pm \omega_{cj})(\nabla_\perp \cdot \boldsymbol{v}_{\perp j}) = 0 \tag{5.7}$$

涡旋由 $\boldsymbol{E} \times \boldsymbol{B}$ 漂移引起，可表示为：

$$\mathit{\Omega}_j = \nabla^2 \varphi / B_0 \tag{5.8}$$

$\boldsymbol{E} \times \boldsymbol{B}$ 对应的随流导数为：

$$\frac{\mathrm{d}}{\mathrm{d}t} = \frac{\partial}{\partial t} + \boldsymbol{v}_E \cdot \nabla \tag{5.9}$$

方程式（5.7）~式（5.9）构成了一个静电势 φ 的封闭系统，利用漂移近似式（5.1），上述三个方程可化简为：

$$\frac{\partial}{\partial t}(Z_j n_{j0} \nabla^2 \varphi m B_0 \omega_{cj} Z_j n_{j1}) -$$

$$\frac{\nabla \varphi \times z}{B_0} \cdot [Z_j n_{j0} \nabla\nabla^2 \varphi m B_0 \omega_{cj} \nabla Z_j n_{j0} m B_0 \omega_{cj} \nabla Z_j n_{j1}] = 0 \tag{5.10}$$

式中，下标 0、1 分别表示平衡量和扰动量。

对 a 离子：

$$\frac{\partial}{\partial t}(Z_a n_{a0} \nabla^2 \varphi - B_0 \omega_{ca} Z_a n_{a1}) -$$

$$\frac{\nabla \varphi \times z}{B_0} \cdot [Z_a n_{a0} \nabla\nabla^2 \varphi - B_0 \omega_{ca} \nabla Z_a n_{a0} - B_0 \omega_{ca} \nabla Z_a n_{a1}] = 0 \tag{5.11}$$

对磁化尘埃 d：

$$\frac{\partial}{\partial t}(Z_d n_{a0} \nabla^2 \varphi + B_0 \omega_{cd} Z_d n_{d1}) -$$

$$\frac{\nabla \varphi \times z}{B_0} \cdot [Z_d n_{d0} \nabla\nabla^2 \varphi + B_0 \omega_{cd} \nabla Z_d n_{d0} + B_0 \omega_{cd} \nabla Z_d n_{d1}] = 0 \tag{5.12}$$

作如下数学处理：式（5.11）$\times \omega_{cd}$+式（5.12）$\times \omega_{ca}$ 可得：

$$\frac{\partial}{\partial t}\left[\left(\frac{Z_i n_{i0}}{B_0 \omega_{ci}} + \frac{Z_d n_{d0}}{B_0 \omega_{cd}}\right)\nabla^2 \varphi - (Z_i n_{i1} - Z_d n_{d1})\right] + \frac{\nabla \varphi \times z}{B_0} \cdot$$

$$\left[\left(\frac{Z_i n_{i0}}{B_0 \omega_{ci}} + \frac{Z_d n_{d0}}{B_0 \omega_{cd}}\right)\nabla\nabla^2 \varphi - \nabla(Z_i n_{i0} - Z_d n_{d0}) - \nabla(Z_i n_{i1} - Z_d n_{d1})\right] = 0 \tag{5.13}$$

利用准中性条件[126]及电子的玻耳兹曼分布可得：

$$Z_i n_i - Z_d n_d = n_{c0} \exp(e\varphi / T_e) \tag{5.14}$$

对应平衡状态时的准中性条件：

$$n_{e0} = Z_i n_{i0} - Z_d n_{d0} \tag{5.15}$$

考虑到一级扰动时的准中性条件：

$$n_{e1} = Z_i n_{i1} - Z_d n_{d1} \tag{5.16}$$

式中，$n_{j1} \ll n_{j0}$，n_{e0} 为平衡时电子数密度，热电子局域平衡服从玻耳兹曼分布。

考虑离子和尘埃颗粒，由方程（5.13）可得到如下尘埃等离子体中关于扰动电势 φ 的非线性方程：

$$\frac{\partial}{\partial t}\left[\left(\frac{Z_i n_{i0}}{\omega_{ci} B_0} + \frac{Z_d n_{d0}}{\omega_{cd} B_0}\right)\nabla^2\varphi - n_{e0}\frac{e\varphi}{T_e}\right] + \frac{\nabla\varphi \times z}{B_0} \cdot$$

$$\left[\nabla n_{e0} - \left(\frac{Z_i n_{i0}}{\omega_{ci} B_0} + \frac{Z_d n_{d0}}{\omega_{cd} B_0}\right)\nabla\nabla^2\varphi + \nabla n_{e0}\frac{e\varphi}{T_e}\right] = 0 \qquad (5.17)$$

方程（5.17）第一个括号中第一项来自离子与尘埃的极化漂移，正比于最低阶流体涡旋 $\boldsymbol{\Omega}_j \cdot z = \nabla^2\varphi/B_0$，第二项来自局域热平衡电子。第二个括号中第一项来自密度梯度，提供自由能驱动漂移波，其中第二项来自离子和尘埃的非线性极化漂移，第三项来自局域扰动电子，相对于其他两项，可以忽略[108,110]。

由方程（5.17）可以看出，尘埃和离子的电荷数可以消去，这是因为电荷与准中条件和 $\boldsymbol{E} \times \boldsymbol{B}$ 漂移无关。这就揭示离子-尘埃流体等效于有效电荷数 $Z_{eff} = +1$。

因此，可作如下归一化：

$$\omega_{ceff} t \to t, \qquad \frac{x}{\rho_{seff}} \to x, \qquad \frac{e\varphi}{T_e} \to \varphi, \qquad \rho_{seff}^2 \to \frac{T_e}{m_{eff}}\frac{1}{\omega_{ceff}^2}$$

$$\omega_{ceff} \to \frac{eB_0}{m_{eff}}, \qquad m_{eff} \to \frac{m_i n_{i0} + m_d n_{d0}}{n_{e0}} \qquad (5.18)$$

式中，$m_{i,d}$ 为离子和尘埃的质量。

$$\frac{\partial}{\partial t}(\nabla^2\varphi - \varphi) - \nabla\varphi \times z \cdot \nabla(\nabla^2\varphi - \ln n_{e0}) = 0 \qquad (5.19)$$

式（5.19）为尘埃等离子体中描述漂移波、漂移波相互作用和漂移波湍流的非线性方程，称为磁化尘埃修正的 HM 方程。由归一化条件（5.18）可以看出，离子-尘埃包含在方程（5.19）中，这可以看作一种电荷 $Z_{eff} = +1$，质量 $m_{eff} = (m_i n_{i0} + m_d n_{d0})/n_{e0}$ 的等效离子。即含离子、磁化尘埃颗粒等离子体中的漂移波及其湍流可等效于一种离子-电子两成分等离子体系统中的漂移波及其湍流。但是，该等效等离子体系统的时空特征长度发生了变化，且时空长度与离子、尘埃的数密度和质量有关，特别是尘埃所带电量和质量远大于离子，对漂移波湍流的时空特征长度影响远比上一章杂质离子的影响大。因此，在空间等离子体及聚变装置中，杂质尘埃颗粒的进入会对漂移波湍流产生影响，特别是改变漂移波湍流的时空特征长度，进而可能影响漂移波湍动的级联。

5.3　磁化尘埃对漂移波湍流的定标效应

考虑到漂移波模模耦合和湍流级联，漂移波可看作一种扰动，由归一化条件可以看出，HM 方程与尘埃修正的 HM 方程物理上的不同主要在于时空特征长度，其随尘埃质量与数密度变化。更进一步，由于引入完全不同的频率和波长，时空特征长度不同必将对漂移波湍动级联产生重要的影响。

为研究可移动尘埃的定标效应，比较 HM 方程和磁化尘埃修正 HM 方程的时空特征长度，假设尘埃等离子体包含三种成分，分别为电子、本底离子（H$^+$）和磁化尘埃颗粒，尘埃颗粒所带电荷量为电子的大约万倍（这里取 $Z_d = 10^4$），而质量为离子的百万倍到亿倍 $[m_d = (10^6 \sim 10^8)m_H]$。尘埃-离子数密度比为 $\varepsilon = n_d/n_H$，满足 $0 \leqslant \varepsilon < 9.76 \times 10^{-5}$，因为尘埃颗粒表面电势必须大于 0，因此电子不可能完全附于尘埃颗粒，电子 – 离子数密度被证明必须满足 $n_e/n_H > (m_e/m_H)^{1/2}$ [134]。由方程（5.18），可知道 $1/\omega_{ceff}$ 和 ρ_{seff} 表示尘埃修正 HM 方程的时空特征长度。为说明尘埃对它的影响，可以对时空特征长度用单离子等离子体系统的时空特征长度归一化，分别表示为：$1/\omega' = \omega_H/\omega_{ceff}$ 和 $\rho' = \rho_{seff}/\rho_H$，其中 ω_{ceff}、ρ_{seff} 为有效回旋频率与半径，ω_H、ρ_H 为对应氢离子的回旋频率与半径。利用准中性条件，由方程（5.18）可得：

$$\omega' = \frac{1 - 10^4\varepsilon}{1 + \varepsilon m_d/m_H} \tag{5.20}$$

$$\rho' = \sqrt{\frac{1 + \varepsilon m_d/m_H}{1 - 10^4\varepsilon}} \tag{5.21}$$

尘埃质量的变化如图 5.1 所示，由图可以看出，尘埃修正的 HM 方程的空间尺度随尘埃密度和质量的增大而急剧增大。另外，ρ' 随 ε 和 m_d 的增大而单调增大。由方程（5.20）和式（5.21）可知 ρ' 与 ω' 满足 $1/\omega' = \rho'^2$，这表明时间尺度随

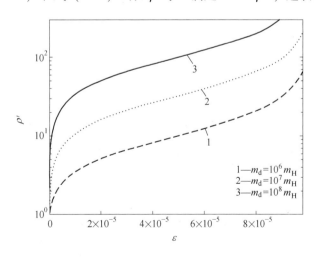

图 5.1　归一化空间尺度 ρ' 对于不同的尘埃质量 m_d 随尘埃-离子数密度比 ε 变化

（垂轴表示相对于无尘埃的空间尺度归一化的空间尺度，水平轴表示尘埃的浓度）

尘埃变化相对空间尺度会更剧烈。而且，尘埃等离子体明显不同于非尘埃等离子体，大量尘埃的出现将产生新的完全不同时空尺度的漂移波，这大大改变湍流的特性，进而改变湍动级联和湍流输运。

5.4　非磁化尘埃修正的 HM 方程

在这部分，假设尘埃质量很大（$m_d \to \infty$），则尘埃的回旋频率趋于 0，可忽略尘埃的动力学特性，所以尘埃颗粒可看作是不可移动的，故有 $n_{d1} = 0$，这时尘埃仅仅提供一种背景，显然这将影响背景电子和离子的分布（如 $n_e \neq Z_i n_i$）[126]。

基于此，方程（5.10）仍然成立，利用类似于推导方程（5.17）可得到类似的非线性方程，如下所示：

$$\frac{\partial}{\partial t}\left[(Z_i n_{i0} - Z_d n_{d0})\nabla^2\varphi - B_0\omega_{ci}Z_i n_{i1}\right] - \frac{\nabla\varphi \times z}{B_0} \times$$

$$\left[(Z_i n_{i0} - Z_d n_{d0})\nabla\nabla^2\varphi - B_0\omega_{ci}\nabla(Z_i n_{i0}) - B_0\omega_{ci}\nabla(Z_i n_{i1})\right] = 0 \quad (5.22)$$

在尘埃背景等离子体中利用准中性条件，平衡状态下的准中性条件可表示为：

$$n_{e0} = Z_i n_{i0} - Z_d n_{d0} \quad (5.23)$$

一阶扰动状态下的准中性条件：

$$n_{e1} = Z_i n_{i1} \quad (5.24)$$

利用式（5.23）和式（5.24），方程（5.22）可表示为：

$$\frac{\partial}{\partial t}\left(\frac{1}{B_0\omega_{ci}}\nabla^2\varphi - \frac{e\varphi}{T_e}\right) + \frac{\nabla\varphi \times z}{B_0} \times$$

$$\left[\nabla\ln n_{e0} - \frac{1}{B_0\omega_{ci}}\nabla\nabla^2\varphi + \frac{1}{n_{e0}}\nabla(Z_d n_{d0}) + \frac{1}{n_{e0}}\nabla\left(n_{e0}\nabla\frac{e\varphi}{T_e}\right)\right] = 0 \quad (5.25)$$

该方程与方程（5.17）类似，主要的不同在于第二个括号中第三项，它源于尘埃背景密度梯度。由方程（5.22）可以看出，离子的电荷数依然保留，这与两成分等离子体中 HM 方程类似，说明此种漂移波即为该种离子扰动产生的漂移波，唯一不同在于背景对此种漂移波有影响。引入无量纲化条件：

$$\omega_{ci}t \to t, \quad \frac{x}{\rho_s} \to x, \quad \frac{e\varphi}{T_e} \to \varphi, \quad \rho_s^2 \to \frac{T_e}{m_i}\frac{1}{\omega_{ci}^2}, \quad \omega_{ci} \to \frac{Z_i e B_0}{m_i} \quad (5.26)$$

可得到类似的演化方程：

$$\frac{\partial}{\partial t}(\nabla^2\varphi - \varphi) - \nabla\varphi \times z \cdot \nabla(\nabla^2\varphi - \ln n_{e0}) + \nabla\varphi \times z \cdot \frac{\nabla(Z_d n_{d0})}{n_{e0}} = 0$$

$$(5.27)$$

该方程描述尘埃背景等离子体中漂移波及其相互作用和漂移波湍流，称为非磁化尘埃修正的 HM 方程。对应的色散关系为：

$$\omega = -\frac{\boldsymbol{k} \times \boldsymbol{z}}{1 + k^2} \cdot \frac{\nabla(n_{e0} + Z_d n_{d0})}{n_{e0}} \qquad (5.28)$$

除了方程（5.27）右边第三项，其他的与单离子 HM 方程相同，方程（5.27）可表达成类似于方程（5.19），物理上两者不同主要在于以下两方面：一方面，方程（5.27）左边第三项是多出来的一项，这表明尘埃密度梯度提供了另一种驱动力；另一方面，由归一化条件可知尘埃背景对漂移时空特征长度无影响，这与原始 HM 方程相同[110]，如果没有尘埃（$n_{d0} = 0$），方程（5.27）即为 HM 方程。

5.5 本章小结

本章研究了非均匀磁化等离子体中低频漂移波的尘埃效应。考虑离子和尘埃颗粒的动力学效应，可得到磁化尘埃修正的 HM 方程。进一步地，如果尘埃颗粒质量足够大，可忽略尘埃的动力学特性，得到非磁化尘埃修正的 HM 方程。这两种 HM 方程分别含磁化尘埃和非磁化尘埃等离子体中描述静电扰动电势 φ 演化的非线性方程。结果表明，通过将含磁化尘埃与离子三成分等离子体漂移波等效为一种离子的漂移波，含磁化尘埃等离子体中漂移波的时空特征长度随着尘埃显著变化，特征长度随密度和质量的增大而单调增大。在现实等离子体中，如空间与聚变装置中，等离子体质量与密度都不均匀分布，这就意味着大量的时空尺度完全不同的漂移波被激发，并相互作用，这对于湍流特性与湍流输运起着重要作用[128]。在非磁化尘埃等离子体中，尘埃背景梯度提供了另一种驱动力驱动漂移波，而时空特征长度没有改变。增加的驱动力对于漂移波湍流的级联有重要的影响。

本章只考虑了尘埃杂质，但是在现实等离子体中，无论是自然界还是在各种实验装置中，等离子体普遍含有多种成分，包括电子、主要离子、杂质离子以及大量的尘埃。研究多成分等离子体在圆柱位形中漂移波的杂质效应对于湍动级联和湍流输运将在以后的章节中讨论。

6 碰撞等离子体中漂移波湍流的杂质效应

6.1 引言

　　磁约束装置如 Tokamak 和 Stellerators 实验观测到的能量损失，远大于根据新经典输运理论计算值，普遍认为这是由于小尺度等离子体湍流导致的[135-137]。科学家建立了很多模型来研究碰撞漂移波引发的反常输运，其中一种特别简单的二维模型就是著名的 Hasegawa-Wakatani 模型，该模型可用来描述无剪切磁场中碰撞等离子体二维漂移波湍流，特别适用于研究 Tokamak 边缘，包括线性漂移波、漂移不稳定性驱动机制、湍流饱和的线性及非线性阻尼机制[138-142]。HM 模型也是描述漂移波及其相互作用和漂移波湍流的经典方程，但忽略了粒子间的碰撞效应和离子的黏滞效应。

　　杂质输运对于聚变等离子体至关重要，杂质在中心的聚集会导致等离子体能量的辐射损失以及背景离子的稀释[143]。但是杂质是不可去除的，由于等离子体的热流导致壁的融化，逃逸快离子导致的壁的腐蚀，这些杂质具有较大范围的质量与电荷量，如氩离子的注入有利于促进热排气。真空容器壁可带来低 z 离子（如锂、铍）、高 z 离子（如钨、碳）。不同部分壁对应于不同的元素，因此各种离子都有可能存在。在 Tokamak 等离子体边缘，存在诸如 C、He、Mo、W、Fe、Ni、Cr 等离子，以及微米到纳米大小的尘埃颗粒，这些杂质离子的存在将会严重威胁聚变装置的安全运行。

6.2 两离子系统中的 HW 方程

　　考虑 Tokamak 边缘，该空间温度远远低于中心芯部的温度，电子的平均自由程远低于 qR（其中 q 为安全因子，R 为大半径）。相对于碰撞阻尼，朗道阻尼可忽略。为简化处理，可将 Tokamak 位形展开成平板位形，环向对应于 z 方向，角向对应于 y 方向，径向对应于 x 方向（图 3.1）。平衡状态下等离子体数密度 $n_0(x)$ 沿 x 方向非均匀，其密度梯度为 $\mathrm{d}n_0/\mathrm{d}x$，其特征长度为 $L = n_0/|\mathrm{d}n_0/\mathrm{d}x|$。磁场均匀为 $\boldsymbol{B} = B_0 z$，沿 z 方向且为常数，扰动磁场可忽略。电子沿磁场方向电导足够大，为简化处理，电子温度可看成一个常量，离子可看作冷离子，因此有限 Larmor 半径效应及温度梯度及其涨落可忽略：$T_\mathrm{i} \ll T_\mathrm{e} \equiv T$。对于磁约束装置边

界，温度相对中心更小得多，因此粒子间的碰撞更为频繁，必须考虑电子-离子碰撞产生的阻尼，也要考虑同种离子间碰撞产生的黏滞效应。漂移波的频率为 ω，其物理量的变化相对于离子的回旋运动慢变，故有 $\omega \ll \omega_{cj} = Z_j e B_0 / m_j$，其中 j=i，z 为两种离子，e 为电子的电量，m_j 和 z_j 分别为第 j 种离子的质量和电荷数，漂移波为低频静电波，其相速度 ω/k_z 满足于 $v_{Tj} = \omega/k_z = v_{Te}$，其中 v_{Te} 和 v_{Tj} 分别为电子和离子的热速度。

基于以上背景，推导出类似于 Tokamak 边缘环境下描述漂移波及其湍流的非线性方程。引入漂移波定标关系[144]：

$$\varphi : \partial t : \kappa_n : O(\varepsilon) \tag{6.1}$$

式中，$\kappa_n = -\partial x \ln n_0$。

漂移定标关系表明，电势涨落振幅 φ，时间变化 ∂t，背景离子宏观不均匀性 κ_n 均为小量且具有相同的数量级[50]。首先考虑离子的运动，由离子的运动方程：

$$m_j n_j \left[\frac{\partial \boldsymbol{u}_j}{\partial t} + (\boldsymbol{u}_j \cdot \nabla) \boldsymbol{u}_j \right] = z_j e n_j (\boldsymbol{E} + \boldsymbol{u}_j \times \boldsymbol{B}) - \nabla p_j - \nabla \cdot \boldsymbol{\Pi}_j + \boldsymbol{F}_j \tag{6.2}$$

式中 n_j，m_j，z_j，$\boldsymbol{u}_j$ ——分别为第 j 种离子的数密度、质量、电荷数和流体速度；

$-\nabla p_j$，$-\nabla \cdot \boldsymbol{\Pi}_j$，$\boldsymbol{F}_j$ ——分别为第 j 种离子的热压力、黏滞力、碰撞引起的阻尼力；

下标 j——i 和 z 两种离子。

假设离子为冷离子，即 $T_i \ll T_e$，则 $\nabla p_j = 0$，忽略离子的碰撞 $\boldsymbol{F}_j = 0$，离子的黏滞力可表示为：$-\nabla \cdot \boldsymbol{\Pi}_j = \mu_j \nabla^2 \boldsymbol{u}_j$，$\mu_j$ 为第 j 种离子的黏滞系数。则运动方程可表示为：

$$m_j n_j \left[\frac{\partial \boldsymbol{u}_j}{\partial t} + (\boldsymbol{u}_j \cdot \nabla) \boldsymbol{u}_j \right] = z_j e n_j (\boldsymbol{E} + \boldsymbol{u}_j \times \boldsymbol{B}) + \mu_j \nabla^2 \boldsymbol{u}_j \tag{6.3}$$

考虑强磁场一阶近似式（6.1），可忽略离子的惯性项并利用 $\boldsymbol{B} \times$ 式（6.3）可得：

$$\boldsymbol{u}^0 = -\nabla \varphi \times \boldsymbol{z} / B_0 \tag{6.4}$$

将 $\boldsymbol{u}^0$ 代回式（6.4），再次利用 $\boldsymbol{B} \times$ 式（6.3），可得 $\boldsymbol{u}^1$：

$$\boldsymbol{u}_j^1 = -\frac{1}{\omega_{cj} B_0} \frac{\mathrm{d} \nabla \varphi}{\mathrm{d}t} - \frac{\mu_j}{\omega_{cj} B_0} \boldsymbol{B} \times \nabla^2 \boldsymbol{u}^0 \tag{6.5}$$

故可得第 j 种流体的垂直磁场的漂移速度：

$$\boldsymbol{u}_j = \boldsymbol{u}^0 + \boldsymbol{u}_j^1 = -\frac{\nabla \varphi \times \boldsymbol{z}}{B_0} - \frac{1}{\omega_{cj} B_0} \frac{\mathrm{d} \nabla \varphi}{\mathrm{d}t} - \frac{\mu_j}{\omega_{cj} B_0} \boldsymbol{B} \times \nabla^2 \boldsymbol{u}^0 \tag{6.6}$$

式（6.6）左边第一项为 $\boldsymbol{E} \times \boldsymbol{B}$ 漂移速度，第二项为极化漂移速度，第三项为黏滞引起的漂移速度。由漂移近似（6.1）可得到 $\boldsymbol{u}_j^1 / \boldsymbol{u}^0 : \varepsilon$，虽然 $\boldsymbol{u}^0 \gg \boldsymbol{u}_j^1$，但：

$$\nabla \cdot \boldsymbol{u}^0 = \nabla \cdot \boldsymbol{u}_E = 0 \qquad (6.7)$$

$$\nabla \cdot \boldsymbol{u}_j^1 \neq 0 \qquad (6.8)$$

因此极化漂移和黏滞引起的漂移速度的散度均不可忽略。由电荷守恒 $\nabla \cdot \boldsymbol{J} = 0$ 可得：

$$\nabla_\perp \cdot \boldsymbol{J}_\perp = -\nabla_p \boldsymbol{J}_p \qquad (6.9)$$

其中 $\boldsymbol{J}_\perp$ 来自垂直磁场方向的漂移运动，$\boldsymbol{J}_p$ 来自电子沿磁场方向的运动。

由离子连续性方程：

$$\frac{\partial n_j}{\partial t} + \nabla \cdot (n_j \boldsymbol{u}_j) = 0 \qquad (6.10)$$

式（6.10）可改写为：

$$\frac{\mathrm{d} n_j}{\mathrm{d} t} + (\nabla \cdot \boldsymbol{u}_j) n_j = 0 \qquad (6.11)$$

式（6.11）同除以 n_j，有：

$$\frac{\mathrm{d} \ln n_j}{\mathrm{d} t} + \nabla \cdot \boldsymbol{u}_j = 0 \qquad (6.12)$$

将式（6.6）代入式（6.12）可得：

$$\frac{\mathrm{d} \ln n_j}{\mathrm{d} t} + \nabla \cdot \left(-\frac{\nabla \varphi \times z}{B_0} - \frac{1}{\omega_{cj} B_0} \frac{\mathrm{d} \nabla \varphi}{\mathrm{d} t} - \frac{\mu_j}{\omega_{cj} B_0} \boldsymbol{B} \times \nabla^2 \boldsymbol{u}^0 \right) = 0 \qquad (6.13)$$

其中 $\boldsymbol{u}_E = \boldsymbol{u}^0 = -\dfrac{\nabla \varphi \times z}{B_0}$，$\boldsymbol{u}_E$ 对应的随流导数为：$\dfrac{\mathrm{d}}{\mathrm{d} t} = \dfrac{\partial}{\partial t} - \dfrac{\nabla \varphi \times z}{B_0} \cdot \nabla$，代入式

（6.13）可得：

$$\left(\frac{\partial}{\partial t} - \frac{\nabla \varphi \times z}{B_0} \cdot \nabla \right) \ln n_j + \nabla \cdot \left[-\frac{\nabla \varphi \times z}{B_0} - \frac{1}{\omega_{cj} B_0} \left(\frac{\partial}{\partial t} - \frac{\nabla \varphi \times z}{B_0} \cdot \nabla \right) \nabla \varphi \right] +$$

$$\nabla \cdot \left(\frac{\mu_j}{\omega_{cj} B_0} \boldsymbol{B} \times \nabla^2 \frac{\nabla \varphi \times z}{B_0} \right) = 0$$

$$(6.14)$$

整理后可得：

$$\frac{\mathrm{d} \ln n_j}{\mathrm{d} t} - \frac{1}{\omega_{cj} B_0} \frac{\mathrm{d}}{\mathrm{d} t} \nabla^2 \varphi + \frac{\mu_j}{\omega_{cj} B_0} \nabla^4 \varphi = 0 \qquad (6.15)$$

由 $n_{j1} \ll n_{j0}$，将 $\ln n_j$ 作 Taylor 展开：

$$\ln n_j = \ln n_{j0} + \frac{n_{j1}}{n_{j0}} \qquad (6.16)$$

将式（6.16）代入方程（6.15）可得：

$$\frac{\mathrm{d}}{\mathrm{d} t} \left(\ln n_{j0} + \frac{n_{j1}}{n_{j0}} - \frac{\nabla^2 \varphi}{\omega_{cj} B_0} \right) + \frac{\mu_j}{\omega_{cj} B_0} \nabla^4 \varphi = 0 \qquad (6.17)$$

写成随流导数形式：

$$\frac{\partial}{\partial t}\left(\frac{n_{j1}}{n_{j0}} - \frac{\nabla^2\varphi}{\omega_{cj}B_0}\right) - \frac{\nabla\varphi \times z}{B_0} \cdot \nabla\left(\ln n_{j0} + \frac{n_{j1}}{n_{j0}} - \frac{\nabla^2\varphi}{\omega_{cj}B_0}\right) = -\frac{\mu_j}{\omega_{cj}B_0}\nabla^4\varphi \quad (6.18)$$

考虑 i 离子，两边同时乘以 n_0 可得：

$$\frac{\partial}{\partial t}\left(n_{i1} - \frac{n_{i0}}{\omega_{ci}B_0}\nabla^2\varphi\right) - \frac{\nabla\varphi \times z}{B_0} \cdot \left(\nabla n_{i0} + \nabla n_{i1} - \frac{n_{i0}}{\omega_{ci}B_0}\nabla\nabla^2\varphi\right) = -\frac{n_{i0}\mu_i}{\omega_{ci}B_0}\nabla^4\varphi$$

$$(6.19)$$

式中，$n_{i0}\,\nabla\ln n_{i0} = \nabla n_{i0}$，在低 β 等离子体中，由漂移近似：$\varepsilon = \rho_s\,|\nabla\ln n_0|$，离子密度梯度特征长度远大于离子的回旋半径，故有 $n_{i0}\,\nabla n_{i1}/n_{i0} \approx \nabla n_{i1}$。对 z 离子，两边同时乘以 zn_{z0}，做类似处理可得到：

$$\frac{\partial}{\partial t}\left(zn_{z1} - \frac{zn_{z0}}{\omega_{cz}B_0}\nabla^2\varphi\right) - \frac{\nabla\varphi \times z}{B_0} \cdot \left(\nabla zn_{z0} + \nabla zn_{z1} - \frac{zn_{z0}}{\omega_{cz}B_0}\nabla\nabla^2\varphi\right) = -\frac{zn_{z0}\mu_z}{\omega_{cz}B_0}\nabla^4\varphi$$

$$(6.20)$$

方程式 (6.19)、式 (6.20) 相加可得：

$$\frac{\partial}{\partial t}\left[(n_{i1} + zn_{z1}) - \left(\frac{n_{i0}\,\nabla^2\varphi}{\omega_{ci}B_0} + \frac{zn_{z0}\,\nabla^2\varphi}{\omega_{cz}B_0}\right)\right] -$$

$$\frac{\nabla\varphi \times z}{B_0} \cdot \left[\nabla(n_{i0} + zn_{z0}) + \nabla(n_{i1} + zn_{z1}) - \left(\frac{n_{i0}}{\omega_{ci}B_0} + \frac{zn_{z0}}{\omega_{cz}B_0}\right)\nabla\nabla^2\varphi\right]$$

$$= -\left(\frac{\mu_i n_{i0}}{\omega_{ci}B_0} + \frac{\mu_z zn_{z0}}{\omega_{cz}B_0}\right)\nabla^4\varphi \quad (6.21)$$

离子密度可表示为：$n_j = n_{j0} + n_{j1}$，且 $n_{j1} = n_{j0}$，平衡与扰动状态下准中性条件分别为：$n_{e0} = n_{i0} + zn_{z0}$，$n_{e1} = n_{i1} + zn_{z1}$，方程 (6.21) 可表示为：

$$\frac{\partial}{\partial t}\left[n_{e1} - \left(\frac{n_{i0}}{\omega_{ci}B_0} + \frac{zn_{z0}}{\omega_{cz}B_0}\right)\nabla^2\varphi\right] - \frac{\nabla\varphi \times z}{B_0} \times$$

$$\left[\nabla n_{e0} + \nabla n_{e1} - \left(\frac{n_{i0}}{\omega_{ci}B_0} + \frac{zn_{z0}}{\omega_{cz}B_0}\right)\nabla\nabla^2\varphi\right] = -\left(\frac{\mu_i n_{i0}}{\omega_{ci}B_0} + \frac{\mu_z zn_{z0}}{\omega_{cz}B_0}\right)\nabla^4\varphi \quad (6.22)$$

合并同类项可得：

$$\left(\frac{\partial}{\partial t}n_{e1} - \frac{\nabla\varphi \times z}{B_0} \cdot \nabla n_{e1}\right) - n_{e0}\frac{\nabla\varphi \times z}{B_0} \cdot \nabla\ln n_{e0} -$$

$$\left(\frac{n_{i0}}{\omega_{ci}B_0} + \frac{zn_{z0}}{\omega_{cz}B_0}\right)\left(\frac{\partial}{\partial t} - \frac{\nabla\varphi \times z}{B_0} \cdot \nabla\right)\nabla^2\varphi = -\left(\frac{\mu_i n_{i0}}{\omega_{ci}B_0} + \frac{\mu_z zn_{z0}}{\omega_{cz}B_0}\right)\nabla^4\varphi \quad (6.23)$$

由于 n_{e0} 与 t 无关，故可作如下处理：

$$\frac{\mathrm{d}}{\mathrm{d}t}\frac{n_{e1}}{n_{e0}} + \frac{\partial}{\partial t}\ln n_{e0} - \frac{\nabla\varphi \times z}{B_0} \cdot \nabla\ln n_{e0} - \left(\frac{n_{i0}}{\omega_{ci}B_0 n_{e0}} + \frac{z n_{z0}}{\omega_{cz}B_0 n_{e0}}\right)\frac{\mathrm{d}}{\mathrm{d}t}\nabla^2\varphi$$

$$= -\left(\frac{\mu_i n_{i0}}{\omega_{ci}B_0 n_{e0}} + \frac{\mu_z z n_{z0}}{\omega_{cz}B_0 n_{e0}}\right)\nabla^4\varphi \tag{6.24}$$

整理后可得：

$$\frac{\mathrm{d}}{\mathrm{d}t}\left(\frac{n_{e1}}{n_{e0}} + \ln n_{e0}\right) - \left(\frac{n_{i0}}{\omega_{ci}B_0 n_{e0}} + \frac{z n_{z0}}{\omega_{cz}B_0 n_{e0}}\right)\frac{\mathrm{d}}{\mathrm{d}t}\nabla^2\varphi$$

$$= -\left(\frac{\mu_i n_{i0}}{\omega_{ci}B_0 n_{e0}} + \frac{\mu_z z n_{z0}}{\omega_{cz}B_0 n_{e0}}\right)\nabla^4\varphi \tag{6.25}$$

得到离子的时空演化方程。

下面考虑电子对应的演化方程，首先考虑电子的运动方程：

$$m_e n_e \frac{\mathrm{d}\boldsymbol{u}_e}{\mathrm{d}t} = -en_e(-\nabla\varphi) - en_e\boldsymbol{u}_e \times \boldsymbol{B} - \nabla p_e - \nabla\boldsymbol{\Pi}_e + \boldsymbol{F}_e \tag{6.26}$$

电子质量小，可忽略电子的惯性，电子的黏滞力很小也可忽略，故方程（6.26）可表示为：

$$0 = -en_e(-\nabla\varphi) - en_e\boldsymbol{u}_e \times \boldsymbol{B} - \nabla p_e + \boldsymbol{F}_e \tag{6.27}$$

其中，电子与离子碰撞引起的摩擦力为：

$$\boldsymbol{F}_{eP} = -em_e n_e(v_{ei} + v_{ez})u_{cP} = m_e(v_{ei} + v_{ez})\boldsymbol{J}_P/e \tag{6.28}$$

式中 $v_{ei(z)}$——分别为电子-i(z) 离子的碰撞频率；

   $\boldsymbol{J}_P$——沿磁场方向的电流，由电子沿磁场方向运动产生。

考虑电子沿磁场方向的运动：

$$0 = en_e \nabla_P\varphi - \nabla_P p_e + m_e(v_{ei} + v_{ez})\boldsymbol{J}_P/e \tag{6.29}$$

电子与离子碰撞频率可表示为：

$$v_{ei(z)} = \frac{n_e e^2}{m_e}\eta_{ei(z)} \tag{6.30}$$

将式（6.30）代入方程（6.29）可得：

$$0 = en_e\nabla_P\varphi - \nabla_P p_e + en_e m_e\boldsymbol{J}_P(\eta_{ei} + \eta_{ez}) \tag{6.31}$$

式中，$\eta_{ei(z)}$ 为电子与 i、z 两种离子碰撞产生的电阻，是 T_e 的函数，在等温模型中可看作是常量，则：

$$\eta = \eta_{ei} + \eta_{ez} \tag{6.32}$$

由方程式（6.29）、式（6.30）可得沿磁场方向的电流密度：

$$\boldsymbol{J}_P = \frac{T_e}{\eta e}\nabla_P\left(\frac{n_{e1}}{n_{e0}} - \frac{e\varphi}{T_e}\right) \tag{6.33}$$

电子的连续性方程：

$$\frac{\partial n_e}{\partial t} + \nabla \cdot (n_e \boldsymbol{u}_e) = 0 \tag{6.34}$$

忽略电子的极化漂移速度和电子垂直磁场方向的漂移，式（6.34）可表示为：

$$\frac{\partial n_e}{\partial t} + \boldsymbol{u}_E \cdot \nabla n_e + n_e \nabla_P u_{eP} = 0 \tag{6.35}$$

式（6.35）两边同除以 n_e，合并同类项可得：

$$\frac{\mathrm{d}\ln n_e}{\mathrm{d}t} = - \nabla_P u_{eP} \tag{6.36}$$

由 $\ln n_e = \ln n_{e0} + n_1/n_{e0}$，$\boldsymbol{J}_P = - e n_e u_{eP}$，式（6.36）可化为：

$$\frac{\mathrm{d}}{\mathrm{d}t}\left(\ln n_{e0} + \frac{n_1}{n_{e0}}\right) = \frac{1}{e n_e} \nabla_P \boldsymbol{J}_P \tag{6.37}$$

将方程式（6.33）代入方程式（6.37）可得：

$$\left(\frac{\partial}{\partial t} - \frac{\nabla \varphi \times \boldsymbol{z}}{B_0} \cdot \nabla\right)\left(\ln n_{e0} + \frac{n_{e1}}{n_{e0}}\right) = \frac{T_e}{n_{e0} \eta e^2} \nabla_P^2 \left(\frac{n_{e1}}{n_{e0}} - \frac{e \varphi}{T_e}\right) \tag{6.38}$$

由方程式（6.25）和式（6.38）可得：

$$\frac{T_e}{n_{e0} \eta e^2} \nabla_P^2 \left(\frac{n_{e1}}{n_{e0}} - \frac{e \varphi}{T_e}\right) - \left(\frac{n_{i0}}{\omega_{ci} B_0 n_{e0}} + \frac{z n_{z0}}{\omega_{cz} B_0 n_{e0}}\right)\frac{\mathrm{d}}{\mathrm{d}t} \nabla^2 \varphi$$

$$= - \left(\frac{\mu_i n_{i0}}{\omega_{ci} B_0 n_{e0}} + \frac{\mu_z z n_{z0}}{\omega_{cz} B_0 n_{e0}}\right) \nabla^4 \varphi \tag{6.39}$$

整理可得：

$$\left(\frac{\partial}{\partial t} - \frac{\nabla \varphi \times \boldsymbol{z}}{B_0} \cdot \nabla\right) \nabla^2 \varphi$$

$$= \frac{T_e}{\eta e^2} \frac{\omega_{ci} \omega_{cz} B_0}{\omega_{cz} n_{i0} + \omega_{ci} z n_{z0}} \nabla_P^2 \left(\frac{n_{e1}}{n_{e0}} - \frac{e \varphi}{T_e}\right) + \frac{\mu_i \omega_{cz} n_{i0} + \mu_z \omega_{ci} z n_{z0}}{\omega_{cz} n_{i0} + \omega_{ci} z n_{z0}} \nabla^4 \varphi \tag{6.40}$$

对方程式（6.38）和式（6.40）各时空变量作如下无量纲化：

$$\frac{e \varphi}{T_e} \equiv \varphi, \qquad \omega_{ceff} t \equiv t, \qquad \frac{x}{\rho_{seff}} \equiv x, \qquad \frac{n_1}{n_0} \equiv n, \qquad \frac{n_{i0}}{n_0} \equiv n_{i0}, \qquad \frac{n_{z0}}{n_0} \equiv n_{z0}$$

$$\rho_{seff}^2 = \frac{T_e}{m_{eff}} \frac{1}{\omega_{ceff}^2}, \qquad \omega_{ceff} = \frac{e B_0}{m_{eff}}, \qquad m_{eff} = \frac{m_{i0} n_{i0} + m_z n_{z0}}{n_0}$$

$$\tag{6.41}$$

式中，m_{eff} 为引进的等效离子的质量；ω_{ceff}、ρ_{seff} 为对应的回旋频率和回旋半径；$n_0 = n_{e0}(0)$，其中 n_{e0} 不均匀且沿 x 方向数密度梯度为 $\kappa_n = - \partial x \ln n_{e0}$。

可得到两离子碰撞等离子体中描述漂移波及其湍流非线性演化方程：

$$\left(\frac{\partial}{\partial t} - \nabla \varphi \times \boldsymbol{z} \cdot \nabla\right) \nabla^2 \varphi = c_1'(\varphi - n) + c_2' \nabla^4 \varphi \tag{6.42}$$

$$\left(\frac{\partial}{\partial t} - \nabla \varphi \times z \cdot \nabla \right)(\ln n_{e0} + n) = c_1'(\varphi - n) \tag{6.43}$$

$$c_1' = -\frac{T_e}{\omega_{ceff} n_0 \eta e^2} \nabla^2$$

$$c_2' = \frac{\mu_{eff}}{\omega_{ceff} \rho_{seff}^2} \tag{6.44}$$

$$\mu_{eff} = \frac{\mu_i m_i n_{i0} + \mu_z m_z n_{z0}}{m_i n_{i0} + m_z n_{z0}}$$

式中　　c_1'——绝热系数，是衡量离子分布偏离 Boltzmann 分布的量度；

μ_{eff}——等效等离子体的黏滞系数；

c_2'——归一化黏滞系数。

如果把其中一种离子看成是本底离子，另一种看作是杂质离子，则杂质离子的进入会改变等效离子的回旋频率、回旋半径以及等离子体的黏滞系数。因此，杂质离子会改变绝热系数 c_1'，以及归一化黏滞系数 c_2'。

由归一化条件（6.41）可看出，两离子漂移波方程等效于一种离子的漂移波方程，该离子质量为：$m_{eff} = (m_{i0} n_{i0} + m_z m_{z0})/n_0$，所带电荷数为 $Z_{eff} = +1$，黏滞系数为 $\mu_{eff} = (\mu_i m_i n_{i0} + \mu_z m_z n_{z0})/(m_i n_{i0} + m_z n_{z0})$。即两离子等离子体系统中的漂移波及其湍流可等效于一种有效离子-电子两成分等离子体系统中的漂移波及其湍流。而由归一化条件（6.41）可看出，该等效等离子体系统的时空特征长度发生了变化，且时空长度与两种离子的数密度与质量有关。因此，在空间等离子体及聚变装置中，杂质离子的进入，会对漂移波湍流产生影响，特别是改变漂移波湍流的时空特征长度，进而可能影响漂移波湍动级联的动力学特性。若令 $n_{z0} = 0$，即只存在一种离子，则该方程变为单离子 HW 方程。

6.3　两离子系统中的 HW 方程的局域色散关系

若以其中一种离子的回旋频率与半径作为时空长度，对方程式（6.38）、式（6.40）进行无量纲化：

$$\frac{e\varphi}{T_e} \equiv \varphi, \qquad \frac{n_1}{n_0} \equiv n, \qquad \frac{n_{i0}}{n_0} \equiv n_{i0}, \qquad \frac{n_{z0}}{n_0} \equiv n_{z0},$$

$$\omega_{ci} t \equiv t, \qquad \frac{x, y}{\rho_{si}} \equiv x, y, \qquad \rho_{si}^2 = \frac{T_e}{m_i} \frac{1}{\omega_{ci}^2}, \quad \omega_{ci} = \frac{eB_0}{m_i} \tag{6.45}$$

式中　　n_0——平衡电子数密度 $n_{e0}(x = 0)$，为一常数。

则可得到两离子的 HW 方程的另一种形式：

$$\left(\frac{\partial}{\partial t} - \nabla \varphi \times z \cdot \nabla \right) \nabla^2 \varphi = c_1'(\varphi - n) + c_2' \nabla^4 \varphi \tag{6.46}$$

$$\left(\frac{\partial}{\partial t} - \nabla\varphi \times z \cdot \nabla\right)(\ln n_{e0} + n) = c_1(\varphi - n) \tag{6.47}$$

$$c_1 = -\frac{T_e}{\omega_{ci} n_0 \eta e^2}\nabla_P^2 \tag{6.48}$$

$$c_1' = -\frac{T_e}{\omega_{ci} n_0 \eta e^2}\frac{m_i}{m_i n_{i0} + m_z n_{z0}}\nabla_P^2 = \frac{m_i}{m_i n_{i0} + m_z n_{z0}}c_1 \tag{6.49}$$

$$c_2' = \frac{\mu_i m_i n_{i0} + \mu_z m_z n_{z0}}{m_i n_{i0} + m_z n_{z0}}\frac{1}{\omega_{ci}\rho_{si}^2} \tag{6.50}$$

方程式（6.46）~式（6.50）为两离子 HW 方程，相对于方程式（6.42）、式（6.43）更能反映两离子系统中的漂移波及其湍流，因为两种离子的信息依然在方程内。c_1' 为绝热参数，反映电子维持 Boltzmann 分布的量度。当 $c_1' \gg 1$ 时，沿磁场方向电子的阻尼可忽略，电子可以沿磁场迅速移动，则其分布遵守 Boltzmann 关系，漂移波是稳定的，即为 HM 模型。$c_1' \approx 1$ 时，电子被等离子体电阻抑制，电子不能迅速在磁场方向移动，电子的分布偏离 Boltzmann 分布，密度扰动与电势扰动间存在相位差，则漂移波不稳定。$c_1' \ll 1$ 时为流体极限。c_2' 为归一化离子黏滞系数，其最大值为 1，其值越大，黏滞越大。

下面来考虑杂质离子对 c_2' 的影响，引入等效黏滞系数 μ_{eff}，即含杂质等离子体系统中，离子的黏滞系数等效于一种有效离子的黏滞系数，由式（6.50）可得：

$$\mu_{eff} = \frac{\mu_i m_i n_{i0} + \mu_z m_z n_{z0}}{m_i n_{i0} + m_z n_{z0}} \tag{6.51}$$

离子的黏滞系数只与同种离子的碰撞有关，与电子碰撞及不同种类离子的碰撞无关，因此，i、z 两种离子的黏滞系数分别为：

$$\mu_i = \frac{3T_i \nu_i}{10 m_i \omega_{ci}^2} \tag{6.52}$$

$$\mu_z = \frac{3T_z \nu_z}{10 m_z \omega_{cz}^2} \tag{6.53}$$

式中，T_i、T_z 分别为 i、z 两种离子的温度，在这里可认为 $T_i \approx T_z$；ν_i、ν_z 分别为 i 离子间及 z 离子间的碰撞频率，其表达式如下[13]：

$$\nu_i = \frac{n_i e^2 \ln\Lambda}{16\varepsilon_0^2 \sqrt{2\pi m_i} T_i^{3/2}} \tag{6.54}$$

$$\nu_z = \frac{n_z z^4 e^2 \ln\Lambda}{16\varepsilon_0^2 \sqrt{2\pi m_z} T_z^{3/2}} \tag{6.55}$$

其中在实验室中，库仑对数可取 $\ln\Lambda \approx 107$，由以上两式可得到 i、z 两种离子的碰撞频率之比为：

$$\frac{\nu_i}{\nu_z} = \frac{n_{i0}}{n_{z0}z^4}\sqrt{\frac{m_z}{m_i}} \qquad (6.56)$$

由方程式 (6.52)、式 (6.56) 可得到 i、z 两种离子的黏滞系数之比为：

$$\frac{\mu_i}{\mu_z} = \sqrt{\frac{m_i}{m_z}}\frac{n_{i0}}{n_{z0}z^2} \qquad (6.57)$$

则式 (6.50) 可化为：

$$c_2' = \frac{m_i n_{i0} + \sqrt{\dfrac{m_z}{m_i}}\dfrac{n_{z0}^2 z^2}{n_{i0}}m_z}{m_i n_{i0} + m_z n_{z0}}\frac{\mu_i}{\omega_{ci}\rho_{si}^2} \qquad (6.58)$$

在含杂质等离子体系统中，研究杂质离子对漂移波的影响。考虑其色散关系，将电势及数密度在傅里叶空间展开：$\varphi \to \varphi_k \exp(i\boldsymbol{k}\cdot\boldsymbol{x} - \omega t)$，$n \to n_k \exp(i\boldsymbol{k}\cdot\boldsymbol{x} - \omega t)$，则方程式 (6.46)、式 (6.47) 可写成：

$$(i\omega k^2 - c_1' - c_2'k^4)\varphi_k + c_1' n_k = 0 \qquad (6.59)$$

$$(-i k \times z \cdot \nabla\ln n_{e0} - c_1)\varphi_k + (c_1 - i\omega)n_k = 0 \qquad (6.60)$$

由方程式 (6.59)、式 (6.60) 可得到两离子 HW 方程的色散关系：

$$(i\omega k^2 - c_1' - c_2'k^4)(c_1 - i\omega) - (-i k \times z \cdot \nabla\ln n_{e0} - c_1)c_1' = 0 \qquad (6.61)$$

化简后可得：

$$-c_1\omega k^2 - ic_1 c_2'k^4 + i\omega^2 k^2 - c_1'\omega - c_2'k^4\omega = c_1' k \times z \cdot \nabla\ln n_{e0} \qquad (6.62)$$

令：$\omega = \omega_R + i\gamma$，$\omega_R \gg \gamma$，代入上式可得：

$$-c_1(\omega_R + i\gamma)k^2 - ic_1 c_2'k^4 + i(\omega_R^2 - \gamma^2)k^2 - 2\gamma\omega_R k^2 -$$
$$c_1'(\omega_R + i\gamma) - c_2'k^4(\omega_R + i\gamma) = c_1' k \times z \cdot \nabla\ln n_{e0} \qquad (6.63)$$

实部部分：

$$-\frac{c_1}{c_1'}\omega_R k^2 - \frac{2}{c_1'}\gamma\omega_R k^2 - \omega_R - \frac{c_2'}{c_1'}k^4\omega_R = k \times z \cdot \nabla\ln n_{e0} \qquad (6.64)$$

由 $c_1(c_1') \gg \omega_R \gg c_2'$，则：

$$\left|\frac{c_1}{c_1'}\omega_R k^2\right| \geqslant \left|\frac{2}{c_1'}\gamma\omega_R k^2\right| \qquad (6.65)$$

$$\omega_R = \frac{c_1' k_y \kappa}{c_2'k^4 + c_1 k^2 + c_1'} \qquad (6.66)$$

式中，$\kappa = -\nabla\ln n_{e0}$。

由虚部部分：

$$-c_1\gamma k^2 - c_1 c_2'k^4 + (\omega_R^2 - \gamma^2)k^2 - c_1'\gamma - c_2'k^4\gamma = 0 \qquad (6.67)$$

又由

$$|c_1 c_2' k^4| \gg |c_2' k^4 \gamma|$$ （6.68）

则增长率为：

$$\gamma = \frac{\omega_R^2 k^2}{c_1 k^2 + c_1'} - c_2' \frac{c_1 k^4}{c_1 k^2 + c_1'}$$ （6.69）

研究杂质离子对漂移波湍流的影响，实际等离子体系统中包含有多种离子及尘埃颗粒，为简化问题，令一个等离子体系统主要包含两种不同的离子：本底氢离子 H^+ 和杂质碳离子 C^{6+}，则 $Z_C = 6$，$m_C : m_H = 12 : 1$。令 C^{6+} 与电子的数密度比为 ε，即：$n_C : n_e = \varepsilon$，由方程（6.48）可得：

$$c_1' = c_1 / (1 + 6\varepsilon)$$ （6.70）

由式（6.50）可得：

$$c_2' = \frac{(1 - 6\varepsilon)^2 + 1.5 \times 10^3 \varepsilon^2}{(1 + 6\varepsilon)(1 - 6\varepsilon)} c_2$$ （6.71）

由方程式（6.70）、式（6.71）可得到归一化绝热系数 c_1'/c_1 随杂质数密度 ε 的变化，以及归一化黏滞系数 c_2'/c_2 随杂质数密度 ε 的变化。

由图 6.1 可以看出随着杂质离子 C^{6+} 数密度 ε 的增大，系统的绝热系数在减小。c_1' 是表征电子绝热性能的参数，随着杂质数密度的增加，c_1' 减小，即电子的绝热性越小，电阻越大，密度扰动与电势扰动的相位差越大，会导致漂移波越不稳定。

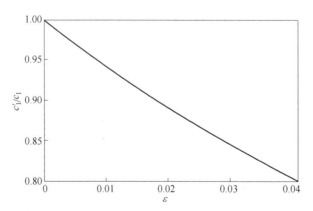

图 6.1 归一化绝热系数 c_1'/c_1 随杂质数密度 ε 的变化

由图 6.2 可以看出随着杂质离子 C^{6+} 数密度 ε 增大，系统的等效黏滞系数 c_2' 先减小，在 $\varepsilon = 0.007$ 附近达到最小值，随后随其增大，即系统的黏滞增大。

由式（6.66）和式（6.69）可以看出漂移波色散关系与电子的绝热系数 $c_1(c_1')$、离子的黏滞系数 c_2'、杂质（这里只考虑密度比 ε）、离子的密度梯度 κ 有关，即 $\gamma = \gamma(c_1, c_2', \varepsilon, \kappa)$。下面研究以上因素对漂移波增长率的影响。

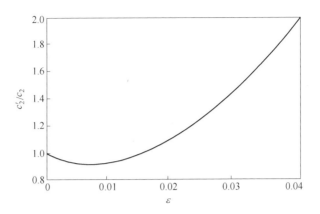

图 6.2 归一化黏滞系数 c'_2/c_2 随杂质数密度 ε 的变化

6.3.1 漂移波增长率 γ 与波数 k 和黏滞系数 c'_2 的关系

漂移波增长率 γ 与波数 k 和黏滞系数 c'_2 的关系如图 6.3 所示。由图 6.3（a）可看出，漂移波增长率 γ 随波数 $k(k_x, k_y)$ 先增大后减小，$k_y \approx 1.3$，模增长率最大，即最不稳定。同时，随着 k_x 的增大，增长率 γ 逐渐减小。故可以看出，在波数越大和波数越小的两区间，漂移波趋于稳定，模 $k_x = 0$，$k_y \approx 1.3$ 增长率最大。

比较图 6.3（a）与（b），可以看出，黏滞小时，漂移波是不稳定的，随着离子间黏滞的增大，即漂移波耗散项的增大，漂移波趋于稳定，特别是在大波数模区间，增长率变为负。当黏滞很大时，漂移波在任何模式中均表现出强烈耗散，且随着波数的增大耗散急剧增大。由以上分析可知，漂移波存在电子的阻尼项和离子的黏滞项，前者引起漂移波的不稳定，使漂移波增长；后者对漂移波起

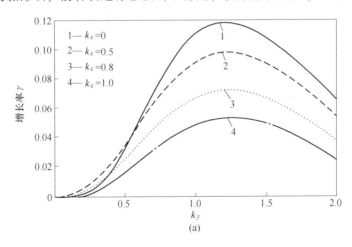

(a)

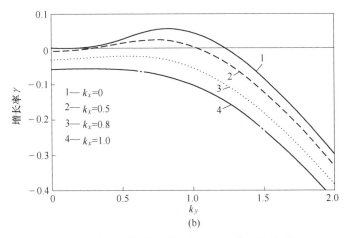

图 6.3 漂移波线性增长率 γ 随波数 k 的关系

（a）黏滞小，$c_2 = 0.01$；（b）黏滞大，$c_2 = 0.1$

着阻尼耗散作用，抑制漂移波的增长。若电子阻尼占主导，则表现为漂移波不稳定，漂移波增长，各模间会发生漂移波的级联，有能量的传递；若离子黏滞占绝对主导，漂移波会很快阻尼掉。

6.3.2 漂移波增长率 γ 与杂质数密度 ε 的关系

漂移波增长率 γ 与杂质数密度 ε 的关系如图 6.4 所示。对于图 6.4 所示的模式，随着杂质的增加，增长率是下降的，由此可以得到杂质浓度的增加对漂移波有致稳作用。这与图 6.3 的分析是一致的，因为杂质的增加，总体上来说其等效黏滞是增加了，因此阻尼与耗散增加了，抵消了电子电阻导致的漂移波增长。

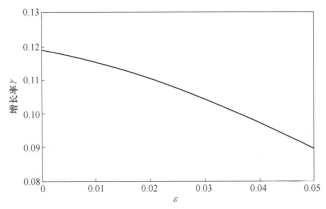

图 6.4 对于模式（$k_x = 0$，$k_y = 1$），漂移波增长率 γ 随杂质浓度 ε 的变化

6.3.3　漂移波增长率 γ 与离子密度梯度 κ 的关系

漂移波增长率 γ 与离子密度梯度 κ 的关系如图 6.5 所示。由图 6.5（a）可以看出，κ 越大，其对应的增长率 γ 显著增大，即密度不均性越大，储存在等离子体中的自由能越大，产生了更大的驱动力驱动漂移波，因此，漂移波越不稳定。在大波数区间的模，漂移波由于黏滞效应会产生强大耗散，抵消由于大阻尼项导致的漂移波的增长，类似的结果也可以从图 6.5（b）得到。

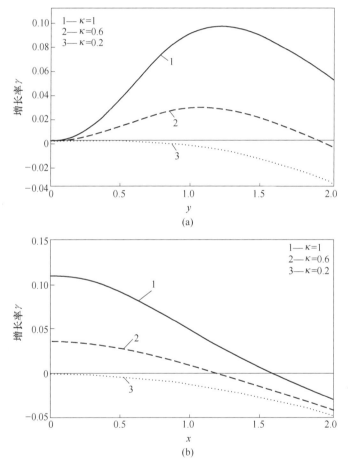

图 6.5　各模式漂移波增长率 γ 随离子密度梯度 κ 的变化

（a）$k_x = 0.5$，$\gamma = \gamma(k_y, \kappa)$；（b）$k_y = 0.5$，$\gamma = \gamma(k_x, \kappa)$

6.4　本章小结

本章由两离子成分等离子体的基本流体方程出发，等离子体分布非均匀，沿

x 方向具有梯度，考虑粒子间的碰撞效应，导出了描述漂移波及其湍流的非线性演化方程。该方程特别适合于描述 Tokamak 边缘含杂质离子的漂移波湍流的动力学特性。研究了碰撞两离子等离子体中的漂移波及其湍流，得到了类似于两成分等离子体中的 HW 方程，但等效绝热系数与等效黏滞系数发生了变化，该变化对于漂移波及其湍流特性有重要影响；离子的密度不均匀性导致漂移波的不稳定性，特别是在 Tokamak 边缘，存在较大的密度梯度，引发漂移波的较大增长；电子沿平行磁场方向的阻尼会引发漂移波的不稳定性，而离子的黏滞会对漂移波有阻尼耗散作用，特别是在大波数区间，黏滞项会随波数的增加急剧增大，该区间的漂移波振幅会衰减，直致耗散掉。

7 总　　结

7.1　结论

本书基于"平板型"的流体模型，研究了杂质离子与尘埃对低频静电漂移波及其湍流的影响，主要研究结果如下：

（1）得到了一个两离子等离子体系统中描述漂移波湍流的非线性演化方程（two-ion HM 方程）。结果表明，小有限振幅的两离子 HM 方程可等效为一种单离子 HM 方程，方程形式与单离子 HM 方程相同，但时空特征长度因为第二种离子的引入发生显著变化，且与引入的第二种离子的质量与电荷有关。同时，也研究了两离子系统中漂移波湍流的局域色散关系，不同模式的漂移波，其振荡频率不同。在湍动级联过程中，能流的方向取决于波数区间。对于小波数模，共振三波相互作用主导衰减过程，由最高频率模衰减至更低频率模。在最大的增长率情况下，得到了级联谱，由此可以清楚看到能流的方向。

（2）研究了非均匀磁化等离子体中低频漂移波的尘埃效应。考虑离子和尘埃颗粒的动力学效应，可得到尘埃修正的 HM 方程。进一步地，若尘埃颗粒质量足够大，可以忽略尘埃的动力学特性，得到非磁化尘埃修正的 HM 方程。结果表明，尘埃修正的 HM 方程可等效为一种离子的 HM 方程且形式相同，然而由于尘埃质量大，所带电荷多，尘埃的加入会导致时空特征长度显著变化，特征长度随尘埃密度和质量的增大而单调增大。在现实等离子体中，如空间与聚变装置中，等离子体质量与密度不均匀分布，这就意味着大量的时空尺度完全不同的漂移波被激发，并相互作用，这对于湍流特性与湍流输运有重要的影响。在尘埃背景等离子体中，尘埃背景梯度提供了另一种驱动力驱动漂移波，而时空特征长度没有改变。增加的驱动动力对于漂移波湍流的级联产生影响。

（3）由两离子成分等离子体的基本流体方程出发，考虑粒子间的碰撞效应，导出了描述漂移波及其湍流的非线性演化方程，即两离子 HW 方程，研究了两离子 HW 方程的局域色散关系，结果表明：1）离子的密度不均匀性导致漂移波的不稳定性，特别是在磁约束装置边缘，存在较大的密度梯度，引发漂移波的增长；2）杂质离子的存在对漂移波具有致稳作用，随着杂质浓度的增加，会抑制漂移的增长；3）电子沿平行磁场方向的阻尼会引发漂移波的不稳定性，而离子的黏滞会对漂移波有阻尼耗散作用，特别是在大波数区间，黏滞项会随波数的增加而急剧增大，将该区间的漂移波耗散掉。

7.2 进一步工作的方向

本书的工作还存在许多不足和有待改进之处，本书考虑的模型是无限大的平板位形，这是对托卡马克等实验环境理想化的近似，简化了计算。而环形坐标位形下的模型环境的研究还有待进一步开展。

本书构建了杂质等离子体中漂移波湍流的模型，下一步希望能开展数值模拟方面的研究，即在 Tokamak 位形下，基于磁流体模拟软件 BOUT++ 开发含杂质漂移波湍流的代码，模拟含杂质等离子体湍流的演化过程，比较理论与粒子模拟结果。进一步，研究在杂质离子对漂移波湍流输运的影响以及多离子成分漂移波湍流的饱和机制，探寻抑制漂移波湍流输运的办法，为改善等离子体的约束性能提供理论依据，并为 Tokamak 实验提供指导。

具体研究内容如下：（1）杂质离子对漂移湍流的影响。基于等离子体磁流体理论，考虑电子阻尼、电子-离子碰撞和离子黏滞等效应，构建含杂质离子的漂移波湍流模型，推导多离子等离子体中描述低频漂移波湍流的非线性演化方程；利用 BOUT++ 软件，通过粒子模拟研究杂质离子引入对漂移波湍流的影响。（2）磁化颗粒对漂移波湍流的影响。考虑颗粒的动力学特性和电子阻尼、电子-离子碰撞、离子黏滞等效应，构建含磁化颗粒的漂移波湍流模型，给出磁化颗粒对低频漂移波湍流的非线性演化方程修正，得到含磁化颗粒等离子系统中描述低频漂移波湍流的非线性演化方程；利用 BOUT++ 软件，通过粒子模拟研究磁化颗粒对漂移波湍流的影响。（3）非磁化颗粒对漂移波湍流的影响。若带电颗粒质量较大，则可忽略颗粒的动力学特性，此条件下带电颗粒可看作不动背景，考虑电子阻尼、电子-离子碰撞和离子黏滞等效应，构建含非磁化带电颗粒等离子体中漂移波湍流模型，推导该背景下低频漂移波湍流的非线性演化方程；利用 BOUT++ 软件，通过粒子模拟研究非磁化颗粒背景对漂移波湍流的影响。

拟达到如下研究目标：将在含杂质的磁约束等离子体系统中，拓展漂移波湍流理论及开发相应的 BOUT++ 代码，探寻抑制漂移波湍流引起的输运新的方法，为改善等离子体的约束性能提供理论依据。

拟解决聚集于解决以下科学问题：建立含杂质离子、磁化带电颗粒、非磁化带电颗粒等离子体中漂移波湍流的理论模型，这是本项工作的基础；利用磁流体模拟软件 BOUT++，开发含杂质离子、磁化颗粒、非磁化带电颗粒的漂移波湍流的程序代码，模拟杂质对漂移波湍流的影响；基于以上结果，探明杂质对漂移波湍流的影响，寻求抑制漂移波湍流的方法。

基于以上研究目标，制定以下研究路径：首先基于等离子体磁流体理论，利用流体的动量方程、连续性方程和准中性条件，分别推导出含杂质离子、磁化颗粒和非磁化带电颗粒背景中的低频漂移波湍流的非线性演化方程；在此基础上，基于磁流体模拟软件 BOUT++，开发含相应杂质等离子体中描述漂移波湍流的代码，通过粒子模拟研究杂质对漂移波湍流的影响，探寻利用杂质抑制漂移波湍流输运新的方法。研究路径如图 7.1 所示。

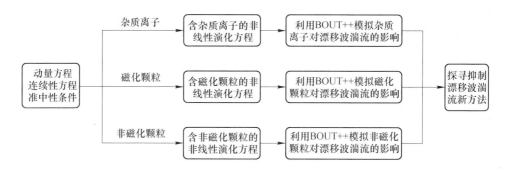

图 7.1　研究路径

附录　数学计算公式和物理常数

附录1　向量标识符

符号：f, g 为标量；A、B、C、D 为向量；T 是张量；I 是单位向量。

(1) $A \cdot B \times C = A \times B \cdot C = B \cdot C \times A = B \times C \cdot A = C \cdot A \times B = C \times A \cdot B$

(2) $A \times (B \times C) = (C \times B) \times A = (A \cdot C) B - (A \cdot B) C$

(3) $A \times (B \times C) + B \times (C \times A) + C \times (A \times B) = 0$

(4) $(A \times B) \cdot (C \times D) = (A \cdot C)(B \cdot D) - (A \cdot D)(B \cdot C)$

(5) $(A \times B) \times (C \times D) = (A \times B \cdot D)C - (A \times B \cdot C)D$

(6) $\nabla(fg) = \nabla(gf) = f\nabla g + g\nabla f$

(7) $\nabla \cdot (fA) = f\nabla \cdot A + A \cdot \nabla f$

(8) $\nabla \times (fA) = f\nabla \times A + \nabla f \times A$

(9) $\nabla \cdot (A \times B) = B \cdot \nabla \times A - A \cdot \nabla \times B$

(10) $\nabla \times (A \times B) = A(\nabla \cdot B) - B(\nabla \cdot A) + (B \cdot \nabla)A - (A \cdot \nabla)B$

(11) $A \times (\nabla \times B) = (\nabla B) \cdot A - (A \cdot \nabla)B$

(12) $\nabla(A \cdot B) = A \times (\nabla \times B) + B \times (\nabla \times A) + (A \cdot \nabla)B + (B \cdot \nabla)A$

(13) $\nabla^2 f = \nabla \cdot \nabla f$

(14) $\nabla^2 A = \nabla(\nabla \cdot A) - \nabla \times \nabla \times A$

(15) $\nabla \times \nabla f = 0$

(16) $\nabla \cdot \nabla \times A = 0$

如果 e_1, e_2, e_3 是正交单位向量，二阶张量 T 可以写成并矢形式：

(17) $T = \sum_{ij} T_{ij} e_i e_j$

在笛卡尔坐标中，张量的散度是带分量的矢量：

(18) $(\nabla \cdot T)_i = \sum_j (\partial T_{ji} / \partial x_j)$

（这个定义必须与方程保持一致。）通常为

(19) $\nabla \cdot (AB) = (\nabla \cdot A)B + (A \cdot \nabla)B$

(20) $\nabla \cdot (fT) = \nabla f \cdot T + f\nabla \cdot T$

设 $r = ix + jy + kz$ 为大小为 r 的半径向量，方向为从原点到该点（x, y, z）：

(21) $\nabla \cdot r = 3$

（22）$\nabla \times \boldsymbol{r} = 0$

（23）$\nabla r = \boldsymbol{r}/r$

（24）$\nabla(1/r) = -\boldsymbol{r}/r^3$

（25）$\nabla \cdot (\boldsymbol{r}/r^3) = 4\pi\delta(\boldsymbol{r})$

（26）$\nabla \boldsymbol{r} = \boldsymbol{I}$

如果 V 是由表面 S 包围的体积，$\mathrm{d}\boldsymbol{S} = \boldsymbol{n}\mathrm{d}S$，其中 n 为单位向量，方向为从 V 向外法线方向，则：

（27）$\int_V \mathrm{d}V\, \nabla f = \int_S \mathrm{d}\boldsymbol{S}f$

（28）$\int_V \mathrm{d}V\, \nabla \cdot \boldsymbol{A} = \int_S \mathrm{d}\boldsymbol{S} \cdot \boldsymbol{A}$

（29）$\int_V \mathrm{d}V\, \nabla \cdot \boldsymbol{T} = \int_S \mathrm{d}\boldsymbol{S} \cdot \boldsymbol{T}$

（30）$\int_V \mathrm{d}V\, \nabla \times A = \int_S \mathrm{d}\boldsymbol{S} \times \boldsymbol{A}$

（31）$\int_V \mathrm{d}V(f\nabla^2 g - g\nabla^2 f) = \int_S \mathrm{d}\boldsymbol{S} \cdot (f\nabla g - g\nabla f)$

（32）$\int_V \mathrm{d}V(\boldsymbol{A} \cdot \nabla\times\nabla\times\boldsymbol{B} - \boldsymbol{B} \cdot \nabla\times\nabla\times\boldsymbol{A}) = \int_S \mathrm{d}\boldsymbol{S} \cdot (\boldsymbol{B}\times\nabla\times\boldsymbol{A} - \boldsymbol{A}\times\nabla\times\boldsymbol{B})$

如果 S 是由轮廓 C 包围的非闭合曲面，其线元为 $\mathrm{d}\boldsymbol{l}$，则：

（33）$\int_S \mathrm{d}\boldsymbol{S} \times \nabla f = \oint_C \mathrm{d}\boldsymbol{l}f$

（34）$\int_S \mathrm{d}\boldsymbol{S} \cdot \nabla\times\boldsymbol{A} = \oint_C \mathrm{d}\boldsymbol{l} \cdot \boldsymbol{A}$

（35）$\int_S (\mathrm{d}\boldsymbol{S} \times \nabla) \times \boldsymbol{A} = \oint_C \mathrm{d}\boldsymbol{l} \times \boldsymbol{A}$

（36）$\int_S \mathrm{d}\boldsymbol{S} \cdot (\nabla f \times \nabla g) = \oint_C f\mathrm{d}g = -\oint_C g\mathrm{d}f$

附录 2　曲线坐标中的微分算子

圆柱坐标系

散度

$$\nabla \cdot \boldsymbol{A} = \frac{1}{r}\frac{\partial}{\partial r}(rA_r) + \frac{1}{r}\frac{\partial A_\phi}{\partial \phi} + \frac{\partial A_z}{\partial z}$$

梯度

$$(\nabla f)_r = \frac{\partial f}{\partial r}; \quad (\nabla f)_\phi = \frac{1}{r}\frac{\partial f}{\partial \phi}; \quad (\nabla f)_z = \frac{\partial f}{\partial z};$$

旋度

$$(\nabla \times \boldsymbol{A})_r = \frac{1}{r}\frac{\partial A_z}{\partial \phi} - \frac{\partial A_\phi}{\partial z}$$

$$(\nabla \times \boldsymbol{A})_\phi = \frac{\partial A_r}{\partial z} - \frac{\partial A_z}{\partial r}$$

$$(\nabla \times \boldsymbol{A})_z = \frac{1}{r}\frac{\partial}{\partial r}(rA_\phi) - \frac{1}{r}\frac{\partial A_r}{\partial \phi}$$

拉普拉斯算符

$$\nabla^2 f = \frac{1}{r}\frac{\partial}{\partial r}\left(r\frac{\partial f}{\partial r}\right) + \frac{1}{r^2}\frac{\partial^2 f}{\partial \phi^2} + \frac{\partial^2 f}{\partial z^2}$$

向量的拉普拉斯算符

$$(\nabla^2 \boldsymbol{A})_r = \nabla^2 A_r - \frac{2}{r^2}\frac{\partial A_\phi}{\partial \phi} - \frac{A_r}{r^2}$$

$$(\nabla^2 \boldsymbol{A})_\phi = \nabla^2 A_\phi + \frac{2}{r^2}\frac{\partial A_r}{\partial \phi} - \frac{A_\phi}{r^2}$$

$$(\nabla^2 \boldsymbol{A})_z = \nabla^2 A_z$$

$(\boldsymbol{A} \cdot \nabla)$ $\boldsymbol{B}$ 的分量

$$(\boldsymbol{A} \cdot \nabla \boldsymbol{B})_r = A_r\frac{\partial B_r}{\partial r} + \frac{A_\phi}{r}\frac{\partial B_r}{\partial \phi} + A_z\frac{\partial B_r}{\partial z} - \frac{A_\phi B_\phi}{r}$$

$$(\boldsymbol{A} \cdot \nabla \boldsymbol{B})_\phi = A_r\frac{\partial B_\phi}{\partial r} + \frac{A_\phi}{r}\frac{\partial B_\phi}{\partial \phi} + A_z\frac{\partial B_\phi}{\partial z} + \frac{A_\phi B_r}{r}$$

$$(\boldsymbol{A} \cdot \nabla \boldsymbol{B})_z = A_r\frac{\partial B_z}{\partial r} + \frac{A_\phi}{r}\frac{\partial B_z}{\partial \phi} + A_z\frac{\partial B_z}{\partial z}$$

张量的散度

$$(\nabla \cdot \boldsymbol{T})_r = \frac{1}{r}\frac{\partial}{\partial r}(rT_{rr}) + \frac{1}{r}\frac{\partial T_{\phi r}}{\partial \phi} + \frac{\partial T_{zr}}{\partial z} - \frac{T_{\phi\phi}}{r}$$

$$(\nabla \cdot \boldsymbol{T})_\phi = \frac{1}{r}\frac{\partial}{\partial r}(rT_{r\phi}) + \frac{1}{r}\frac{\partial T_{\phi\phi}}{\partial \phi} + \frac{\partial T_{z\phi}}{\partial z} + \frac{T_{\phi r}}{r}$$

$$(\nabla \cdot \boldsymbol{T})_z = \frac{1}{r}\frac{\partial}{\partial r}(rT_{rz}) + \frac{1}{r}\frac{\partial T_{\phi z}}{\partial \phi} + \frac{\partial T_{zz}}{\partial z}$$

球面坐标

发散

$$\nabla \cdot \boldsymbol{A} = \frac{1}{r^2}\frac{\partial}{\partial r}(r^2 A_r) + \frac{1}{r\sin\theta}\frac{\partial}{\partial \theta}(\sin\theta A_\theta) + \frac{1}{r\sin\theta}\frac{\partial A_\phi}{\partial \phi}$$

梯度

$$(\nabla f)_r = \frac{\partial f}{\partial r}; \quad (\nabla f)_\theta = \frac{1}{r}\frac{\partial f}{\partial \theta}; \quad (\nabla f)_\phi = \frac{1}{r\sin\theta}\frac{\partial f}{\partial \phi};$$

卷曲

$$(\nabla \times \boldsymbol{A})_r = \frac{1}{r\sin\theta}\frac{\partial}{\partial \theta}(\sin\theta A_\phi) - \frac{1}{r\sin\theta}\frac{\partial A_\theta}{\partial \phi}$$

$$(\nabla \times \boldsymbol{A})_\theta = \frac{1}{r\sin\theta}\frac{\partial A_r}{\partial \phi} - \frac{1}{r}\frac{\partial}{\partial r}(rA_\phi)$$

$$(\nabla \times \boldsymbol{A})_\phi = \frac{1}{r}\frac{\partial}{\partial r}(rA_\theta) - \frac{1}{r}\frac{\partial A_r}{\partial \theta}$$

拉普拉斯算子

$$\nabla^2 f = \frac{1}{r^2}\frac{\partial}{\partial r}\left(r^2\frac{\partial f}{\partial r}\right) + \frac{1}{r^2\sin\theta}\frac{\partial}{\partial \theta}\left(\sin\theta\frac{\partial f}{\partial \theta}\right) + \frac{1}{r^2\sin^2\theta}\frac{\partial^2 f}{\partial \phi^2}$$

向量的拉普拉斯算子

$$(\nabla^2 \boldsymbol{A})_r = \nabla^2 A_r - \frac{2A_r}{r^2} - \frac{2}{r^2}\frac{\partial A_\theta}{\partial \theta} - \frac{2\cot\theta A_\theta}{r^2} - \frac{2}{r^2\sin\theta}\frac{\partial A_\phi}{\partial \phi}$$

$$(\nabla^2 \boldsymbol{A})_\theta = \nabla^2 A_\theta + \frac{2}{r^2}\frac{\partial A_r}{\partial \theta} - \frac{A_\theta}{r^2\sin^2\theta} - \frac{2\cos\theta}{r^2\sin^2\theta}\frac{\partial A_\phi}{\partial \phi}$$

$$(\nabla^2 \boldsymbol{A})_\phi = \nabla^2 A_\phi - \frac{A_\phi}{r^2\sin^2\theta} + \frac{2}{r^2\sin\theta}\frac{\partial A_r}{\partial \phi} + \frac{2\cos\theta}{r^2\sin^2\theta}\frac{\partial A_\theta}{\partial \phi}$$

$(\boldsymbol{A} \cdot \nabla)\boldsymbol{B}$ 的组成部分

$$(\boldsymbol{A} \cdot \nabla\boldsymbol{B})_r = A_r\frac{\partial B_r}{\partial r} + \frac{A_\theta}{r}\frac{\partial B_r}{\partial \theta} + \frac{A_\phi}{r\sin\theta}\frac{\partial B_r}{\partial \phi} - \frac{A_\theta B_\theta + A_\phi B_\phi}{r}$$

$$(\boldsymbol{A} \cdot \nabla\boldsymbol{B})_\theta = A_r\frac{\partial B_\theta}{\partial r} + \frac{A_\theta}{r}\frac{\partial B_\theta}{\partial \theta} + \frac{A_\phi}{r\sin\theta}\frac{\partial B_\theta}{\partial \phi} + \frac{A_\theta B_r}{r} - \frac{\cot\theta A_\phi B_\phi}{r}$$

$$(\boldsymbol{A} \cdot \nabla\boldsymbol{B})_\phi = A_r\frac{\partial B_\phi}{\partial r} + \frac{A_\theta}{r}\frac{\partial B_\phi}{\partial \theta} + \frac{A_\phi}{r\sin\theta}\frac{\partial B_\phi}{\partial \phi} + \frac{A_\phi B_r}{r} + \frac{\cot\theta A_\phi B_\theta}{r}$$

张量的散度

$$(\nabla \cdot \boldsymbol{T})_r = \frac{1}{r^2}\frac{\partial}{\partial r}(r^2 T_{rr}) + \frac{1}{r\sin\theta}\frac{\partial}{\partial \theta}(\sin\theta T_{\theta r}) + \frac{1}{r\sin\theta}\frac{\partial T_{\phi r}}{\partial \phi} - \frac{T_{\theta\theta} + T_{\phi\phi}}{r}$$

$$(\nabla \cdot \boldsymbol{T})_\theta = \frac{1}{r^2}\frac{\partial}{\partial r}(r^2 T_{r\theta}) + \frac{1}{r\sin\theta}\frac{\partial}{\partial \theta}(\sin\theta T_{\theta\theta}) + \frac{1}{r\sin\theta}\frac{\partial T_{\phi\theta}}{\partial \phi} + \frac{T_{\theta r}}{r} - \frac{\cot\theta T_{\phi\phi}}{r}$$

$$(\nabla \cdot \boldsymbol{T})_\phi = \frac{1}{r^2}\frac{\partial}{\partial r}(r^2 T_{r\phi}) + \frac{1}{r\sin\theta}\frac{\partial}{\partial \theta}(\sin\theta T_{\theta\phi}) + \frac{1}{r\sin\theta}\frac{\partial T_{\phi\phi}}{\partial \phi} + \frac{T_{\phi r}}{r} + \frac{\cot\theta T_{\phi\theta}}{r}$$

附录 3　物理常数 （SI）

物理量	符　号	数　值	单　位
玻耳兹曼常数	k	1.3807×10^{-23}	J/K
基本电荷	e	1.6022×10^{-19}	C
电子质量	m_e	9.1094×10^{-31}	kg
质子质量	m_p	1.6726×10^{-27}	kg
重力常数	G	6.6726×10^{-11}	$m^3/(s^2 \cdot kg)$
普朗克常数	h	6.6261×10^{-34}	J · s
	$\hbar = h/(2\pi)$	1.0546×10^{-34}	J · s
真空中的光速	c	2.9979×10^{8}	m/s
真空电容率	ϵ_0	8.8542×10^{-12}	F/m
真空磁导率	μ_0	$4\pi \times 10^{-7}$	H/m
质子/电子质量比	m_p/m_e	1.8362×10^{3}	
电子 （电荷）/质量	e/m_e	1.7588×10^{11}	C/kg
里德伯常数	$R_\infty = \dfrac{me^4}{8\epsilon_0^2 ch^3}$	1.0974×10^{7}	m^{-1}
波尔半径	$a_0 = \epsilon_0 h^2/(\pi me^2)$	5.2918×10^{-11}	m
原子截面	πa_0^2	8.7974×10^{-21}	m^2
经典电子半径	$r_e = e^2/(4\pi\epsilon_0 mc^2)$	2.8179×10^{-15}	m
汤姆逊截面	$(8\pi/3)r_e^2$	6.6525×10^{-29}	m^2
电子的康普顿波长	$h/(m_e c)$	2.4263×10^{-12}	m
	$\hbar/(m_e c)$	3.8616×10^{-13}	m
精细结构常数	$\alpha = e^2/(2\epsilon_0 hc)$	7.2974×10^{-3}	
	α^{-1}	137.04	
第一辐射常数	$c_1 = 2\pi hc^2$	3.7418×10^{-2}	W · m^2
第二辐射常数	$c_2 = hc/k$	1.4388×10^{-2}	mK
斯蒂芬-玻耳兹曼常数	σ	5.6705×10^{-8}	$W/(m^2 \cdot K^4)$
1eV 相应的波长	$\lambda_0 = hc/e$	1.2398×10^{-6}	m
1eV 相应的频率	$v_0 = e/h$	2.4180×10^{14}	Hz

物理量	符　号	数　值	单　位
1eV 相应的波数	$k_0 = e/(hc)$	8.0655×10^5	m^{-1}
相应的 1eV 能量	$h\nu_0$	1.6022×10^{-19}	J
$1m^{-1}$ 相应的能量	hc	1.9864×10^{-25}	J
1 里德伯相应的能量	$me^3/(8\epsilon_0^2 h^2)$	13.606	eV
1 开尔文相应的能量	k/e	8.6174×10^{-5}	eV
1 开尔文相应的温度	e/k	1.1604×10^4	K
阿伏伽德罗数	N_A	6.0221×10^{23}	mol^{-1}
法拉第常数	$F = N_A e$	9.6485×10^4	C/mol
气体常数	$R = N_A k$	8.3145	$J/(K \cdot mol)$
洛希米特常数	n_0	2.6868×10^{25}	m^{-3}
原子质量单位	m_u	1.6605×10^{-27}	kg
标准温度	T_0	273.15	K
大气压	$p_0 = n_0 k T_0$	1.0133×10^5	Pa
1 毫米汞柱的压力（1 托）		1.3332×10^2	Pa
摩尔体积	$V_0 = RT_0/p_0$	2.2414×10^{-2}	m^3
空气的摩尔质量	M_{air}	2.8971×10^{-2}	kg
卡路里（cal）		4.1868	J
重力加速度	g	9.8067	m/s^2

附录 4　基本等离子体参数

除了 (T, T_e, T_i) 以 eV 为单位，离子质量（m_i）以质子质量为单位外，所有的量都以高斯 cgs 单位表示，$\mu = m_i/m_p$，Z 为电荷数，k 是玻耳兹曼常数，K 为波长，γ 是绝热指数，$\ln\Lambda$ 是库仑对数。

频率	电子回旋频率	$f_{ce} = \omega_{ce}/(2\pi) = 2.80 \times 10^6 B$ Hz $\omega_{ce} = eB/(m_e c) = 1.76 \times 10^7 B$ rad/s
	离子回旋频率	$f_{ci} = \omega_{ci}/(2\pi) = 1.52 \times 10^3 Z\mu^{-1}B$ Hz $\omega_{ci} = ZeB/(m_i c) = 9.58 \times 10^3 Z\mu^{-1}B$ rad/s
	电子等离子体频率	$f_{pe} = \omega_{pe}/(2\pi) = 8.98 \times 10^3 n_e^{1/2}$ Hz $\omega_{pe} = (4\pi n_e e^2/m_e)^{1/2}$ $= 5.64 \times 10^4 n_e^{1/2}$ rad/sec
	离子等离子体频率	$f_{pi} = \omega_{pi}/(2\pi)$ $= 2.10 \times 10^2 Z\mu^{-1/2} n_i^{1/2}$ Hz $\omega_{pi} = (4\pi n_i Z^2 e^2/m_i)^{1/2}$ $= 1.32 \times 10^3 Z\mu^{-1/2} n_i^{1/2}$ rad/s
	电子俘获率	$\nu T_e = (eKE/m_e)^{1/2}$ $= 7.26 \times 10^8 K^{1/2}E^{1/2}$ s^{-1}
	离子俘获率	$\nu T_i = (ZeKE/m_i)^{1/2}$ $= 1.69 \times 10^7 Z^{1/2}K^{1/2}E^{1/2}\mu^{-1/2}$ s^{-1}
	电子碰撞率	$\nu_e = 2.91 \times 10^{-6} n_e \ln\Lambda T_e^{-3/2}$ s^{-1}
	离子碰撞率	$\nu_i = 4.80 \times 10^{-8} Z^4 \mu^{-1/2} n_i \ln\Lambda T_i^{-3/2}$ s^{-1}
长度	电子德布罗意长度	$\lambda = \hbar/(m_e kT_e)^{1/2} = 2.76 \times 10^{-8} T_e^{-1/2}$ cm
	经典的最小接近距离	$e^2/(kT) = 1.44 \times 10^{-7} T^{-1}$ cm
	电子回旋半径	$r_e = \nu T_e/\omega_{ce} = 2.38 \times T_e^{1/2}B^{-1}$ cm $r_i = \nu T_i/\omega_{ci}$ $= 1.02 \times 10^2 \mu^{1/2} Z^{-1} T_i^{1/2}B^{-1}$ cm
	等离子趋肤深度	$c/\omega_{pe} = 5.31 \times 10^5 n_e^{-1/2}$ cm
	德拜长度	$\lambda_D = [kT/(4\pi ne^2)]^{1/2}$ $= 7.43 \times 10^2 T^{1/2} n^{-1/2}$ cm
速度	电子热速度	$\nu T_e = (kT_e/m_e)^{1/2}$ $= 4.19 \times 10^7 T_e^{1/2}$ cm/s
	离子热速度	$\nu T_i = (kT_i/m_i)^{1/2}$ $= 9.79 \times 10^5 \mu^{-1/2} T_i^{1/2}$ cm/s
	离子声速	$C_s = (\gamma ZkT_e/m_i)^{1/2}$ $= 9.79 \times 10^5 (\gamma ZkT_e/\mu)^{1/2}$ cm/s
	阿尔芬速度	$v_A = B/(4\pi n_i m_i)^{1/2}$ $= 2.18 \times 10^{11} \mu^{-1/2} n_i^{-1/2}B$ cm/s

无量纲	（电子/质子质量比）$^{1/2}$	$(m_e/m_p)^{1/2} = 2.33 \times 10^{-2} = 1/42.9$
	德拜球中的粒子数	$(4\pi/3)n\lambda_D^3 = 1.72 \times 10^9 T^{3/2} n^{-1/2}$
	阿尔芬速度/光速	$v_A/c = 7.28\mu^{-1/2} n_i^{-1/2} B$
	电子等离子体/回旋频率比	$\omega_{pe}/\omega_{ce} = 3.21 \times 10^{-3} n_e^{1/2} B^{-1}$
	离子等离子体/回旋频率比	$\omega_{pi}/\omega_{ci} = 0.137\mu^{1/2} n_i^{1/2} B^{-1}$
	热/磁能量比	$\beta = 8\pi nkT/B^2 = 4.03 \times 10^{-11} nTB^{-2}$
	磁/离子静止质量比	$B^2/8\pi n_i m_i c^2 = 26.5\mu^{-1} n_i^{-1} B^2$
多方面	玻姆扩散系数	$D_B = ckT/(16eB)$
		$= 6.25 \times 10^6 TB^{-1}\ \mathrm{cm^2/s}$
	横向斯皮策电阻率	$\eta_\perp = 1.15 \times 10^{-14} Z\ln\Lambda T^{-3/2}\ \mathrm{s}$
		$= 1.03 \times 10^{-2} Z\ln\Lambda T^{-3/2}\ \Omega \cdot \mathrm{cm}$

低频离子声湍流引起的异常碰撞率为

$$\nu^* \approx \omega_{pe} W/(kT) = 5.64 \times 10^4 n_e^{1/2} W/(kT)\ \mathrm{s^{-1}}$$

式中，W 是 $\omega/K < vT_i$ 时波的总能量。

磁力由下式给出：

$$P_{mag} = B^2/(8\pi) = 3.98 \times 10^6 B^2 \mathrm{dyn/cm^2} = 3.93\,(B/B_0)^2 \mathrm{atm}$$

式中，$B_0 = 1T$。

1kt 烈性炸药的爆炸能量是：

$$W_{kT} = 10^{12}\mathrm{cal} = 4.2 \times 10^{12}\mathrm{J}$$

参 考 文 献

[1] Miyamoto K. Plasmas Physics for Nuclear Fusion [M]. Cambridge: MIT Press, 1980.

[2] Kadomtsev B B. Tokamak Plasma: A Complex Physical System [M]. UK: LTD Press, 1992.

[3] Braginski S I. Reviews of Plasma Physics [M]. New York: Consultants Press, 1965: 205.

[4] Lawson J D. Proceedings of the Physical Society B [J], 1957, 70: 6.

[5] Wesson J. Tokamaks [M]. Oxford: Clarendon Press, 1987.

[6] http: //www. plasmas. org/rot-energy. htm.

[7] Chen F F. Introduction to Plasma Physics and Controlled Fusion [M]. 2ed. New York: Plenum Press, 1984.

[8] Wesson J. Tokamaks [M]. 2ed. London: Clarendon Press, 1997.

[9] George R T. A proposal for a controlled shear decorrelation experiment [C]//CSDX, Janpan, 1999.

[10] Hinton F L, Hazeltine R D. Theory of plasma transport in toroidal confinement systems [J]. Rev. Mod. Phys, 1976, 48: 239.

[11] Hazeltine R D, Mahajan S M, Hitchcock D A. Quasilinear diffusion and radial transport in tokamaks [J]. Phys. Fluids, 1981, 24: 1164.

[12] Nuckolls J, Thiessen A, Wood L, et al. Laser compression of matter to super-high densities: Thermonuclear (CTR) applications [J]. Nature, 1972, 239: 139.

[13] Hawryluk R J, Batha S, Blanchard W. Plasma experiments on TFTR: A 20 year retrospective [J]. Phys. Plasmas Fusion, 1998, 5: 1577-1589.

[14] Fujisawa A. A review of zonal flow experiments [J]. Nucl. Fusion, 2009, 49: 013001.

[15] Diamond P H, Itoh S I, Itoh K, et al. Zonal flows in plasma—A review [J]. Plasma Phys Control Fusion, 2005, 47: R35-R161.

[16] Hasegawa A, Mima K. Pseudothreedimensional turbulence in magnetized nonuniform plasma [J]. Phys Fluids, 1977, 21: 87.

[17] Diamond P H, Hasegawa A, Mima K. Plasma vorticity dynamics, drift wave, and zonal flows: a look back and a look ahead [J]. Phys Control Fusion, 2011, 53: 124001.

[18] Horton W, Hasegawa A. Quasi-two-dimensional dynamics of plasmas and fluids [J]. Chaos, 1994, 4: 227.

[19] Meiss J D, Horton W. Drift-wave turbulence from a soliton gas [J]. Phys Rev Lett, 1982, 48: 1362.

[20] Horton W, Choi D I, Tang W M. Toroidal drift modes driven by ion pressure gradients [J]. Phys Fluids, 1981, 24: 1077.

[21] Chen Y H, Lu W, Wang G. Coherent structures of dust-drift waves in a dusty plasma [J]. Chin Phys Lett, 2001, 18: 933.

[22] Gallagher S, Hnat B, Connaughton C, et al. The modulational instability in the extended Hasegawa-Mima equation with a finite Larmor radius [J]. Phys Plasmas, 2012, 19: 122115.

[23] Chandre C, Morrison P J, Tassi E. Maxwell-Vlasov equations for laboratory plasmas: conservation laws and approximation schemes [J]. Phys Rev A, 2014, 378: 956.

[24] Kim C B. Scalings of forced Hasegawa-Mima equation by power-law noise [J]. Plasma Phys Control Fusion, 2012, 54: 085021.

[25] Kadomtsev B B. Plasma Turbulence [M]. New York: Academic Press, 1965.

[26] Weiland J. Collective modes in inhomogeneous plasmas [M]. Bristol: Insititute of Physics Press, 2000.

[27] Hasegawa A, Waktani M. Self-organization of electrostatic turbulence in a cylindrical plasma [J]. Phys Rev Lett, 1987, 59: 1581-1584.

[28] Carreras B A, Lynch V E, Garcia L. Electron diamagnetic effects on the resistive pressure - gradient - driven turbulence and poloidal flow generation [J]. Phys Fluids B, 1991, 3: 1438.

[29] Waltz R E, Kerbel G D, Milovich J. Toroidal gyro - Landau fluid model turbulence simulations in a nonlinear ballooning mode representation with radial modes [J]. Phys Plasmas, 1994, 1: 2229.

[30] Xiao Y, Holad I, Zhang W, et al. Fluctuation characteristics and transport properties of collisionless trapped electron mode turbulence [J]. Phys Plasmas, 2010, 17: 022302.

[31] Futatani S, Horton W, Benkadda S, et al. Fluid models of impurity transport via drift wave turbulence [J]. Phys Plasmas, 2010, 17: 072512.

[32] Fu X R, Horton W, Bespamyatnov I O, et al. Turbulent impurity transport modeling for Alcator C-Mod [J]. Plasma Phys, 2013, 79: 837.

[33] Liu P P, Yang L, Deng Z G, et al. Regulating drift-wave plasma turbulence into spatiotemporal patterns by pinning coupling [J]. Phys Rev E, 2011, 84: 016207.

[34] Liu P P, Deng Z G, Yang L, et al. Network approach to the pinning control of drift-wave turbulence [J]. Phys Rev E, 2014, 89: 062918.

[35] Waltz R E, Candy J M, Rosenbluth M N. Gyrokinetic turbulence simulation of profile shear stabilization and broken gyro-Bohm scaling [J]. Phys Plasmas, 2002, 9 (5): 1938-1946.

[36] Bewley G P, Lathrop D P, Sreenivasan K R. Superfluid helium: Visualization of quantized vortices [J]. Nature, 2006, 441 (7093): 588.

[37] Williams G P. Jupiter's atmospheric circulation [J]. Nature, 1975, 257: 778-828.

[38] Diamond P H, Malkov M. A simple model of intermittency in drift wave-zonal flow turbulence [J]. Physica Scripta, 2002: 63-67.

[39] Klsheimer C, Bchner H. Combustion dynamics of turbulent swirling flames [J]. Combustion and Flame, 2002, 131 (1-2): 70-84.

[40] 刘盼盼. 二维漂移波湍流的钉扎控制 [D]. 杭州: 浙江大学, 2014.

[41] 胡希伟. 等离子体理论基础 [M]. 北京: 北京大学出版社, 2006.

[42] Horton W. Drift waves and transport [J]. Rev Mod Phys, 1999, 71: 735.

[43] Tynan G R, Fujisawa A, McKee G. A review of experimental drift turbulence studies Plasma Phys [J]. Control. Fusion, 2009, 51: 113001.

[44] Hammett G W, Perkins F W. Fluid moment models for Landau damping with application to the ion-temperature-gradient instability [J]. Phys Rev Lett, 1990, 64: 3019.

[45] Chang Z, Callen J D. Unified fluid/kinetic description of plasma micro instabilities. I - Basic equations in a sheared slab geometry and II - Applications [J]. Phys Fluids B, 1992, 4: 1167.

[46] Wootton A J. Fluctuations and anomalous transport in tokamaks [J]. Plasma Phys., 1990, 2: 2879.

[47] Hasegawa A, Waktani M. Plasma edge turbulence [J]. Phys Rev Lett, 1983, 50: 682.

[48] Grauer R. An energy estimate for a perturbed Hasegawa-Mima equation [J]. Nonlinearity, 1998, 11: 659-666.

[49] Williams G P. Planetary vortices and Jupiter's vertical structure [J]. J Geophys Res, 1997, 102: 9303-9308.

[50] Hasegawa A, Maclennan C G, Kodama Y. Nonlinear behavior and turbulence spectra of drift waves and Rossby waves [J]. Phys. Fluids, 1979, 22: 2122.

[51] Li J Q, Kishimoto Y. Numerical study of zonal flow dynamics and electron transport in electron temperature gradient driven turbulence [J]. Physics of Plasmas, 2004, 11: 1493.

[52] Shafer M W, McKee G R, Austin M E, et al. Localized turbulence suppression and increased flow shear near the q = 2 surface during internal-transport-barrier formation [J]. Phys Rev Lett, 2009, 103: 075004.

[53] Mckee G R, et al. Dependence of the L- to H-mode power threshold on toroidal rotation and the link to edge turbulence dynamics [J]. Nucl Fusion, 2009, 49: 115016.

[54] Zweben S J, Maquedal R J, Hager R. Quiet periods in edge turbulence preceding the L-H transition in the national spherical torus experiment [J]. Phys Plasmas, 2010, 17: 102502.

[55] Conway G D, Angioni C, Ryter F, et al. Mean and oscillating plasma flows and turbulence interactions across the LH confinement transition [J]. Phys Rev Lett, 2011, 106: 065001.

[56] Xu G S, Wan B N, Wang H Q, et al. First evidence of the role of zonal flows for the L H transition at marginal input power in the EAST tokamak [J]. Phys Rev Lett, 2011, 107: 125001.

[57] Estrada T, Hidalgo C, Happel T, et al. Spatiotemporal structure of the interaction between turbulence and flows at the L-H transition in a toroidal Plasma [J]. Phys Rev Lett, 2011, 107: 245004.

[58] Schmitz L, Zeng L, Rhodes T L, et al. Role of zonal flow predator-prey oscillations in triggering the transition to H-mode confinement [J]. Phys Rev Lett, 2012, 108: 489-492.

[59] Kim E J, Diamond P H. Zonal flows and transient dynamics of the L-H transition [J]. Phys Rev Lett, 2003, 90: 185006.

[60] Miki K, Diamond P H, Gürcan Ö D, et al. Spatio-temporal evolution of the L→I→H transition [J]. Phys Plasmas, 2012, 19: 092306.

[61] Ghizzo A, Palermo F. Shear-flow trapped-ion-mode interaction revisited. II. Intermittent transport associated with low-frequency zonal flow dynamics [J]. Phys Plasmas, 2015, 22: 082304.

[62] Xu M, Tynan G R, Holland C. Fourier-domain study of drift turbulence driven sheared flow in a

laboratory plasma [J]. Phys Plasmas, 2010, 17: 032311.

[63] Xu M. Study of nonlinear energy transfer between drift wave turbulence and spontaneously genera-ted sheared flows in a laboratory plasma [D]. San Diego: University of California, 2010.

[64] Leconte M, Diamond P H, Xu Y. Impact of resonant magnetic perturbations on zonal modes, drift-wave turbulence and the L-H transition threshold [J]. Plasma Physics, 2014, 54: 013004.

[65] Connaughton C, Nazarenko S, Quinn B. Feedback of zonal flows on wave turbulence driven by small-scale instability in the Charney-Hasegawa-Mima model [J]. Europhys Lett, 2011, 96: 25001.

[66] Terry P W, Newman D E, Ware A S. Suppression of transport cross phase by strongly sheared flow [J]. Phys Rev Lett, 2001, 87: 185001.

[67] Balk A M, Nazarenko S V, Zakharov V E. On the nonlocal turbulence of drift type waves [J]. Phys Lett A, 1990, 146: 217-221.

[68] Biglari H, Diamond P H, Terry P W. Influence of sheared poloidal rotation on edge turbulence [J]. Phys Fluids B, 1990, 2: 010001-4.

[69] Hahm T S, Burrell K H. Flow shear induced fluctuation suppression in finite aspect ratio shaped tokamak plasma [J]. Phys Plasmas, 1995, 2: 1648.

[70] Wagner F, Becker G, Behringer K, et al. Regime of improved confinement and high beta in neutral-beam-heated divertor discharges of the ASDEX tokamak [J]. Phys Rev Lett, 1982, 49: 1408.

[71] Xu M, Tynan G, Diamond P D, et al. Study of nonlinear dynamics among zonal flow, GAM, and turbulence on the HL-2A strongly heated L-mode plasmas [C]. American Physical Society Meeting, 2011.

[72] Diamond P H, Itoh S I, Itoh K, et al. Zonal flows in plasma—A review [J]. Plasma Phys Control Fusion, 2005, 47: R35-R161.

[73] Lin Z, Hahm T S, Lee W W, et al. Effects of collisional zonal flow damping on turbulent trans-port [J]. Phys Rev Lett, 1999, 83: 3645.

[74] Lin Z, Hahm T S, Lee W W, et al. Turbulent transport reduction by zonal flows: Massively par-allel simulations [J]. Science, 1998, 281: 1835.

[75] Nazikian R, Hammett G W. Princeton plasma physics lab (PPPL) [C]. AAAS Meeting, Seat-tle, Feb. 2003.

[76] Kapitaniak T. Controlling Chaos: Theoretical and practical methods in nonlinear dynamics [M]. London: Academic Press, 1996.

[77] Schuster H G. Handbook of Chaos Control [M]. Weinheim: Wiley-VCH Press, 1999.

[78] Ding M, Ding E J, Ditto W L, et al. Control and synchronization of chaos in high dimensional systems [J]. Chaos, 1997, 7: 644-652.

[79] Boccaletti S, Grebogi C, Lai Y C, et al. The control of chaos: theory and applications [J]. Phys Rep, 2000, 329: 103-197.

[80] Hu G, Qu Z. Controlling spatiotemporal chaos in coupled map lattice systems [J]. Phys Rev

Lett, 1994, 72: 68.

[81] Sen A K. Feedback control of multimode magnetohydrodynamic instabilities via neutral beams [J]. Phys Plasmas, 1998, 5: 2956-2962.

[82] Ott E, Grebogi C, Yorke J A. Controlling chaos [J]. Phys Rev Lett, 1990, 64: 1196.

[83] Kuramoto Y. Chemical Oscillations, Waves and Turbulence [M]. Berlin: Springer-Verlag Press, 1984.

[84] Zhang H, Hu B, Hu G. Suppression of spiral waves and spatiotemporal chaos by generating target waves in excitable media [J]. Phys Rev E, 2003, 68: 026134.

[85] Tang G, Guan S, Hu G, et al. Controlling flow turbulence with moving controllers [J]. Eur Phys J B, 48: 259-264.

[86] Guan S, Wei G W, Lai C H. Controllability of flow turbulence [J]. Phys Rev E, 2004, 69: 066214.

[87] Tang G, Hu G. Sporadic feedback control of flow turbulence [J]. Phys Rev E, 2006, 73: 056307.

[88] Guan S G, Zhou Y C, Wei G W, et al. Controlling flow turbulence [J]. Chaos, 2003, 13: 64.

[89] Pierre T, Bonhomme G, Atipo A. Controlling the chaotic regime of nonlinear ionization waves using the time-delay autosynchronization method [J]. Phys Rev Lett, 1996, 76: 2290.

[90] Schröder C, Klinger T, Block D, et al. Chaos control and taming of turbulence in plasma devices [J]. Phys Rev Lett, 2001, 86: 5711.

[91] Tang G, Hu G. Spatiotempora chaos control in two-wave driven system [J]. Eur Phys J, B, 2007, 59: 109.

[92] Kinney R, McWilliams J C, Tajima T. Coherent structures and turbulent cascades in two-dimensional incompressible magnetohydrodynamic turbulence [J]. Phys Plasmas, 1995, 2: 3623-3639.

[93] Brandt C. Active control of drift wave turbulence [D]. Ernst-Moritz-Arndt-Universität Greifswald, 2009.

[94] Burin M J, Tynan G R, Antar G Y, et al. On the transition to drift turbulence in a magnetized plasma column [J]. Phys Plasmas, 2005, 12: 0523.

[95] Grauer R. An energy estimate for a perturbed Hasegawa-Mima equation [J]. Nonlinearity, 1998, 11: 659-666.

[96] Guo B L, Han Y Q. Existence and uniqueness of global solution of the Hasegawa-Mima equation [J]. Journal of Mathematical Physics, 2004, 45 (4): 1639-1647.

[97] Bulanov S V, Esirkepov T Z, Lontano M, et al. The stability of single and double vortex films in the framework of the Hasegawa-Mima equation [J]. Plasma Phys Rep, 1997, 23: 660-669.

[98] Iwayama T, Watanabe T, Shepherd T G. Infrared dynamics of decaying two-dimensional turbulence governed by the Charney-Hasegawa-Mimaequation [J]. J Phys Jpn, 2001, 70: 376-386.

[99] Kukharkin N, Orszag S A. Generation and structure of Rossby vortices in rotating fluiss [J]. Phys Rev E, 1996, 54: R4524-R4527.

[100] Moradi S, Pusztai I, Moll'en A, et al. Impurity transport due to electromagnetic drift wave turbulence [J]. Phys Plasmas, 2012, 19: 032301.

[101] Iqbal M, Shukla P K. Relaxed magnetic field structures in multi-ion plasmas [J]. Astrophys Space Sci, 2012, 339: 19.

[102] Ahmad A, Sajid M, Saleem H. Drift mode in a bounded plasma having two-ion species [J]. Phys Plasmas, 2008, 15: 12105.

[103] Cui X W, Cui Z Y, Feng B B, et al. Investigation of impurity transport using supersonic molecular beam injected neon in HL-2A ECRH plasma [J]. Chin Phys B, 2013, 22: 125201.

[104] Ye L, Guo W F, Xiao X T, et al. Numerical simulation of geodesic acoustic modes in a multi-ion system [J]. Phys Plasmas, 2013, 20: 072501-1.

[105] Krasheninnikov S I, Smirnov R D, Rudakov D L. Dust in magnetic fusion devices [J]. Phys Control Fusion, 2011, 53: 083001.

[106] Lu G M, Shen Y, Xie T, et al. Kinetic shear Alfvén instability in the presence of impurity ions in tokamak plasmas [J]. Phys Plasmas, 2013, 20: 102505.

[107] Coppi B, Furth H P, Rosenbluth M N, et al. Drift instability due to impurity ions [J]. Phys Rev Lett, 1966, 17: 377.

[108] Hasegawa A, Kodama Y. Spectrum cascade by mode coupling in drift-wave turbulence [J]. Phys Rev Lett, 1978, 41: 1470.

[109] Iwayama T, Watanabe T, Shepherd T G. Infrared dynamics of decaying two-dimensional turbulence governed by the Charney-Hasegawa-Mimaequation [J]. J Phys Jpn, 2001, 70: 376-386.

[110] Hasegawa A, Mima K. Stationary spectrum of strong turbulence in magnetized nonuniform plasma [J]. Phys Rev Lett, 1977, 39: 205.

[111] Muzylev S V, Reznik G M. On proofs of stability of drift vortices in magnetized plasmas and rotating fluids [J]. Phys Fluids B, 1992, 4: 2841-2844.

[112] Mattor N, Diamond P H. Drift wave propagation as a source of plasma edge turbulence: Slab, theory [J]. Chaos, 1994, 1: 4002.

[113] Qiu X, Liu S Q, Yu M. Turbulent cascade in a two-ion plasma [J]. Phys Plasmas, 2014, 21: 112304-1-5.

[114] Bronski J C, Fetecau R C. An alternative energy bound derivation for a generalized Hasegawa-Mima equation [J]. Nonlinearity, 2012, 13: 1362.

[115] Chandre C, Morrison P J, Tassi E. Hamiltonian formulation of the modified Hasegawa-Mima equation [J]. Phys Rev A, 2014, 378: 956.

[116] Baxter M, Van Gorder R A, Vajravelu K. Optimal analytic method for the nonlinear Hasegawa-Mima Equation [J]. Eur Phys J Plus, 2014, 129: 98.

[117] Spatschek K H, Zhang W, Naulin V, et al. Self-organization of nonlinear waves and vortices in driven and damped systemsin Nonlinear Dispersive Waves [M]. World Scientific, Singapore, 1992: 507-538.

[118] Shukla P K, Mamun A A. Introduction to Dusty Plasma Physics [M]. London: Institute of Physics Press, 2002: 8-20.

[119] Rao N N, Shukla P K, Yu M Y. Dust-acoustic waves in dusty plasmas [J]. Plasma Phys Control Fusion, 1990, 38: 543.

[120] Winter J. Dust in fusion devices—Experimental evidence, possible sources and consequences [J]. Plasma Phys Control Fusion, 1998, 40: 1201.

[121] Shukla P K. A survey of dusty plasma physics [J]. Phys Plasmas, 2001, 8: 1791.

[122] Pigarov A Y, Krasheninnikov S I, Soboleva T K, et al. Dust-particle transport in tokamak edge plasmas [J]. Phys Plasmas, 2005, 12: 122508.

[123] Shukla P K, Tsintsadze N L. Charged dust grain acceleration in tokamak edges [J]. Phys Rev A, 2008, 372: 2053.

[124] Shukla P K, Rosenberg M. Dissipative drift wave instability in a radially bounded nonuniform dusty Magnetoplasma [J]. Phys Rev A, 2012, 376: 1129.

[125] Merlino R L, Barkan A. Thompson C, et al. Laboratory studies of waves and instabilities in dusty plasmas [J]. Phys Plasmas, 1997, 5: 1607.

[126] Shukla P K, Yu M Y, Bharuthram R. Linear and nonlinear dust drift waves [J]. J Geophys. Res, 1991, 96: 21343.

[127] Rosenberg M. Beam cyclotron instability in a dusty plasma [J]. Phys Scr, 2014, 89: 085601.

[128] Itoh S I, Itoh K. Statistical theory and transition in multiple-scale-length turbulence in plasmas [J]. Plasma Phys Control Fusion, 2001, 43: 1055.

[129] Benkadda S, Tsytovich V N. Excitation of dissipative drift turbulence in dusty plasmas [J]. Plasma Phys Rep, 2002, 28: 432.

[130] Benkadda S, Gabbai P, Tsytovich V N, et al. Nonlinearities and instabilities of dissipative drift waves in dusty plasmas [J]. Phys Rev E, 1996, 53: 2717.

[131] Salimullah M, Salahuddin M, Mamun A A. Low-frequency drift wave instabilities in a magnetized dusty plasma [J]. Astrophys Space Sci, 1999, 262: 215.

[132] Manz P, Greiner F. Linear study of the nonmodal growth of drift waves in dusty plasmas [J]. Phys Plasmas, 2010, 17: 063703.

[133] Kendl A, Shukla P K. Drift wave turbulence in the presence of a dust density gradient [J]. Phys Rev. E, 2011, 84: 046405.

[134] Whipple E C, Northrop T G, Mendis D A. The electrostatics of a dusty plasma [J]. J Geophys Res, 1985, 90: 7405.

[135] Zweben S J, Taylor R J. Phenomenological comparison of magnetic and electrostatic fluctuations in the Macrotor tokamak [J]. Nucl Fusion, 1981, 21: 193.

[136] Maxucato E. Spectrum of small-scale density fluctuations in tokamaks [J]. Phys Rev Lett, 1982, 48: 1828.

[137] Fyfe D, Montogomery D. Possible inverse cascade behavior for drift-wave turbulence [J]. Phys Fluids, 1979, 22: 246.

[138] Wakatani M, Hasegawa A. A collisional drift wave description of plasma edge turbulence [J]. Phys Fluids, 1984, 27: 611.

[139] Kono M, Miyashita E. Modon formation in the nonlinear development of the collisional drift wave Instability [J]. Phys Fluids, 1988, 31: 326-331.

[140] Liang Y M, Diamond P, Wang X H, et al. A two-nonlinearity model of dissipative drift wave turbulence [J]. Phys Fluids B, 1993, 5: 1128-1139.

[141] Naulin V, Spatschek K H, Musher S, et al. Properties of a two-nonlinearity model for drift-wave turbulence [J]. Phys Plasmas, 1995, 2: 2640-2652.

[142] Dux R, Peeters A, Kallenbach A, et al. Z dependence of the core impurity transport in AS-DEX Upgrade H mode discharges [J]. Nucl Fusion, 1999, 39: 1509.

[142] Vlad M, Spineanu F, Benkadda S. Impurity pinch from a ratchet process [J]. Phys Rev Lett, 2006, 96: 085001.

[143] Hazeltine R D, Meiss J D. Plasma Confinement [M]. Redwood City: Addison-Wesley Press, 1992.